职业教育测绘类专业"新形态一体化"系列教材

全站仪测量

主编 成晓芳
参编 陈志兰 张全伟
主审 秦永乐

机械工业出版社

本书为活页式实训手册，共分为三个工作任务，涵盖了全站仪的认识、全站仪的常规测量功能的使用、全站仪检校、全站仪的数据管理、全站仪程序测量五大方面。每个工作任务根据内容的需要，均设计了若干个工作训练、1个工作依据以及工作自测。每个工作训练都有明确的知识目标和能力目标，明确了训练内容、所需器具以及训练方法，同时，给出必要的训练指导。工作依据主要是以知识点清单的方式补足实践所需的理论知识。最后通过工作自测进行检验。

本书可作为高职高专院校测绘类工程测量技术专业技能训练教材，也可以作为土木建筑大类工程测量相关课程配套实训教材使用，还可供相关从业人员参考。

为方便教学，本书还配有电子课件及相关资源，凡使用本书作为教材的教师可登录机械工业出版社教育服务网 www.cmpedu.com 注册下载。机工社职教建筑群（教师交流QQ群）：221010660。咨询电话：010-88379934。

图书在版编目（CIP）数据

全站仪测量/成晓芳主编. —北京：机械工业出版社，2022.8
职业教育测绘类专业"新形态一体化"系列教材
ISBN 978-7-111-70650-2

Ⅰ.①全… Ⅱ.①成… Ⅲ.①光电测量仪-测量技术-高等职业教育-教材 Ⅳ.①TH82

中国版本图书馆 CIP 数据核字（2022）第 070252 号

机械工业出版社（北京市百万庄大街22号　邮政编码100037）
策划编辑：沈百琦　高亚云　责任编辑：沈百琦
责任校对：肖　琳　王　延　封面设计：陈　沛
责任印制：刘　媛
涿州市般润文化传播有限公司印刷
2022年8月第1版第1次印刷
184mm×260mm・10印张・222千字
标准书号：ISBN 978-7-111-70650-2
定价：43.00元

电话服务	网络服务
客服电话：010-88361066	机　工　官　网：www.cmpbook.com
010-88379833	机　工　官　博：weibo.com/cmp1952
010-68326294	金　书　网：www.golden-book.com
封底无防伪标均为盗版	机工教育服务网：www.cmpedu.com

前 言

国家一直非常重视职业教育的发展，特别是近几年来，先后出台了一系列的文件，如《国务院关于加快发展现代职业教育的决定》（国发〔2014〕19号）、《教育部关于深化职业教育教学改革全面提高人才培养质量的若干意见》（教职成〔2015〕6号）、《国务院办公厅关于深化产教融合的若干意见》（国办发〔2017〕95号）、《国务院关于印发国家职业教育改革实施方案的通知》（国发〔2019〕4号），教育部等四部门印发《关于在院校实施"学历证书+若干职业技能等级证书"制度试点方案》（教职成〔2019〕6号）的通知。为了落实国家有关职业教育的指示精神，推行"学历证书+若干职业技能等级证书"制度，本着提高工程测量技术专业学生的专业技能，切实提高学生的实际动手能力，我们组织编写了这本活页式的实践性教材——全站仪测量。

本书共分为三个工作任务，涵盖了全站仪的认识、全站仪的常规测量功能的使用、全站仪检校、全站仪的数据管理、全站仪程序测量等。每个工作任务根据内容的需要，均设计了若干个工作训练、1个工作依据和工作自测。每个工作训练都有明确的知识目标和能力目标，明确了训练内容、所需器具以及训练方法，同时，给出必要的训练指导。每一工作训练涉及的理论知识，以够用为原则进行了梳理，以知识点清单的方式在工作依据中予以呈现。在工作任务的最后，设计了工作自测，即自主学习任务单，方便学生对工作任务中的学习情况进行检测自查。

本书教学内容环环相扣，由浅入深，既符合当代职教特色又能使每一个学生提升自己的专业技能。

本书编写特色如下：

1. 以学生为本。本书在编写时以"学练结合、知行统一"为原则，注重"因材施教"的理念，以提高学生的实际操作技能为目标，以工作任务为主线，围绕实践技能这个核心进行设计，每一个工作任务形成：**工作训练（知识、能力目标—训练内容—训练器具—训练方法—训练指导）→工作依据（知识点清单）→工作自测（自我检测、提升）**这样的逻辑主线。对于在完成工作任务过程中涉及的知识内容以够用为原则，意在让学生通过工作训练提高自己的专业技能的同时，也能够学到相应的理论知识，为将来从事测量工作打下基础。以技能训练任务为主线，打破了以往教材以知识体系为轴线的形式。

2. 简洁实用。本书在编写过程中力求工作任务简洁实用，工作训练指导语言表达简明扼要，将实际操作最简单的表述方式表达出来，便于学生理解并进行操作。

3. 立体开发。本书配套有测量实操微课视频、在线习题、电子课件等数字资源，视频和习题以二维码的形式镶嵌在书中，学生可自行扫描观看或扫描并在线填写，方便现场实训使用。

4. 活页式装订。本书采用活页式装订形式，可以根据自身需要灵活调取某个工作任务或工作训练进行实操训练，书中每个任务和附录，根据内容需要配有学习笔记空白页，方便学习和测量训练现场使用。

本书由武汉电力职业技术学院成晓芳主编，参与编写的还有长江工程职业技术学院陈志兰和中建三局集团北京有限公司张全伟。

本书编写过程中，由于编者水平有限，难免存在疏漏与不足之处，敬请广大师生及其他读者给予批评指正。

编　者

本书微课视频清单

序号	名称	图形	序号	名称	图形
1	全站仪的结构认识		8	全站仪数据传输-SD 卡	
2	棱镜的结构认识		9	全站仪数据传输-USB 口	
3	三脚架的结构认识		10	全站仪的三维坐标测量	
4	测回法水平角观测		11	全站仪的坐标放样	
5	测回法垂直角观测		12	全站仪悬高测量	
6	距离观测		13	全站仪的对边测量	
7	全站仪数据传输-com 口		14	全站仪后方交会测量	

目　录

前言

本书微课视频清单

工作任务 1　全站仪的基本认识 ·· 1
　　工作训练 1.1　认识全站仪的结构 ·· 3
　　工作训练 1.2　认识全站仪的界面及相关符号 ··· 5
　　工作依据 1.3　相关知识点清单 ··· 9
　　　　知识点 1.3.1　全站仪的分类 ·· 9
　　　　知识点 1.3.2　主流品牌全站仪的认识 ·· 11
　　　　知识点 1.3.3　全站仪功能键及参数解读 ··· 13
　　　　知识点 1.3.4　全站仪的技术指标 ·· 16
　　工作自测 1.4　自主学习任务单 ·· 19

工作任务 2　全站仪的基础测量 ·· 25
　　工作训练 2.1　全站仪水平角测量 ··· 27
　　工作训练 2.2　全站仪垂直角测量 ··· 31
　　工作训练 2.3　全站仪距离测量 ·· 33
　　工作训练 2.4　全站仪数据管理 ·· 37
　　工作训练 2.5　全站仪数据传输 ·· 41
　　工作依据 2.6　相关知识点清单 ·· 49
　　　　知识点 2.6.1　全站仪测角原理 ··· 49
　　　　知识点 2.6.2　全站仪测距原理 ··· 51
　　　　知识点 2.6.3　测回法水平角观测的记录计算 ······································· 53
　　　　知识点 2.6.4　南方 CASS 坐标数据文件 ·· 54
　　工作自测 2.7　自主学习任务单 ·· 59

工作任务 3　全站仪的程序测量 ·· 75
　　工作训练 3.1　全站仪的检校 ··· 77

工作训练 3.2　全站仪三维坐标测量 ·· 81
　　工作训练 3.3　全站仪三维坐标放样 ·· 85
　　工作训练 3.4　全站仪悬高测量 ·· 89
　　工作训练 3.5　全站仪偏心测量 ·· 91
　　工作训练 3.6　全站仪对边测量 ·· 93
　　工作训练 3.7　全站仪后方交会测量 ·· 95
　　工作依据 3.8　相关知识点清单 ·· 99
　　　　知识点 3.8.1　全站仪的检验原理 ·· 99
　　　　知识点 3.8.2　三维坐标测量原理 ··· 104
　　　　知识点 3.8.3　三维坐标放样原理 ··· 105
　　　　知识点 3.8.4　悬高测量原理 ··· 106
　　　　知识点 3.8.5　偏心测量原理 ··· 107
　　　　知识点 3.8.6　对边测量原理 ··· 109
　　　　知识点 3.8.7　后方交会测量原理 ··· 110
　　工作自测 3.9　自主学习任务单 ··· 113

附录 ··· **133**

　　附表 1　全站仪检校记录表 ·· 133
　　附表 2　全站仪放样观测手簿及数据 ·· 135
　　附表 3　悬高测量观测手簿 ·· 137
　　附表 4　全站仪偏心观测手簿 ··· 139
　　附表 5　全站仪对边观测手簿 ··· 141
　　附表 6　距离观测手簿 ·· 143
　　附表 7　水平角观测手簿 ··· 145
　　附表 8　竖直角观测手簿 ··· 147

工作任务 1

全站仪的基本认识

任务目标

1）能够熟练说出全站仪的各个部件,并了解这些部件的功能。

2）能够说出全站仪主要工作界面的不同功能,并能在不同的工作界面之间进行正确切换。

3）能够正确说出屏幕上不同符号的含义。

素质目标

培养对照学材自主学习的能力。

任务成果

初步认识全站仪的硬件结构和软件结构,了解全站仪参数配置。

工作训练 1.1　认识全站仪的结构

1.1.1　知识目标

1）能够说出全站仪每个部件的名称。
2）能够说出每个部件的功能。

1.1.2　能力目标

1）能够熟练使用全站仪的各个部件并完成全站仪的操控。
2）能够完成全站仪照准部与基座的拼接、锁定。

1.1.3　训练内容

认识国内主流品牌全站仪的硬件结构。

1.1.4　训练器具

主流品牌全站仪一台、木质三脚架一副。

1.1.5　训练方法

配合本教材和微课视频、在线习题，完成自主学习。

1.1.6　训练指导

1. 全站仪的主要结构

同经纬仪一样，全站仪整体结构也是分为两大部分：基座和照准部。

基座用于仪器的整平和三脚架的连接。基座上有脚螺旋、圆水准器和管水准器。圆水准器用于粗整平，管水准器用于精整平。

照准部的望远镜可以在平面内和垂直面内作 360°的旋转，便于照准目标。为了精确照准目标，设置了水平制动、垂直制动、水平微动和垂直微动螺旋。全站仪的制动与微动螺旋在一起，外螺旋用于制动，内螺旋用于微动。望远镜上、下的粗瞄准器用于镜外粗照准。望远镜目镜端有目镜调焦螺旋和物镜调焦螺旋，用于获得清晰的目标影像。显示屏用于显示观测结果和仪器工作状态，旁边的操作键和软键用于实现各种功能的操作。

全站仪的结构认识

棱镜的结构认识

全站仪各部件的名称参照图 1-1 所示。

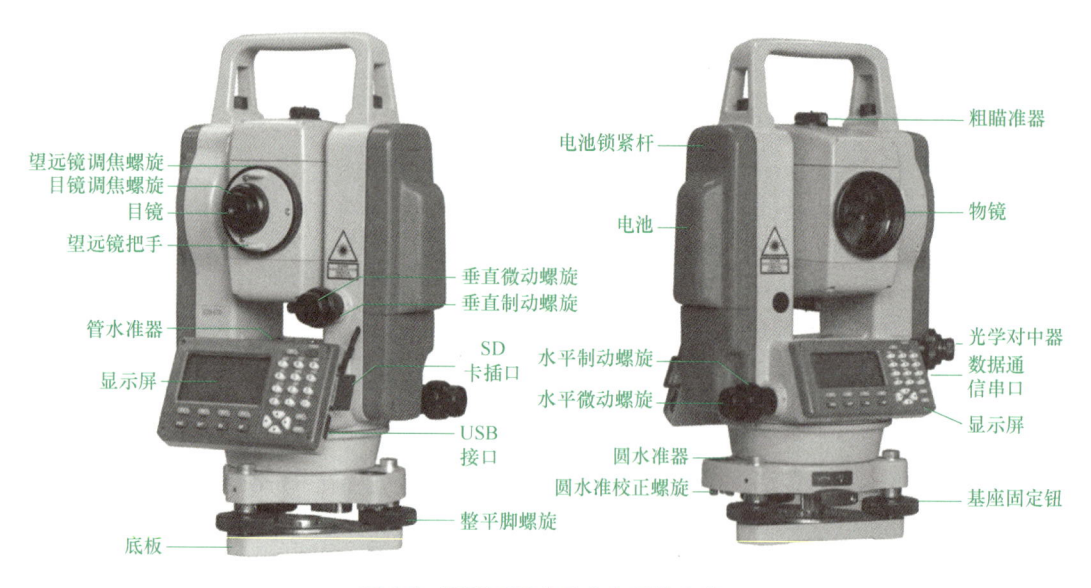

图 1-1　KTS-442 全站仪各部件名称

2. 三脚架的主要结构

测量三脚架的功能主要是用来架设测量仪器，它的各个部件如图 1-2 所示，包括三角面板、三个可伸缩架腿，三角面板中间带有中心连接螺旋，用于连接三脚架和仪器。

三脚架的结构认识

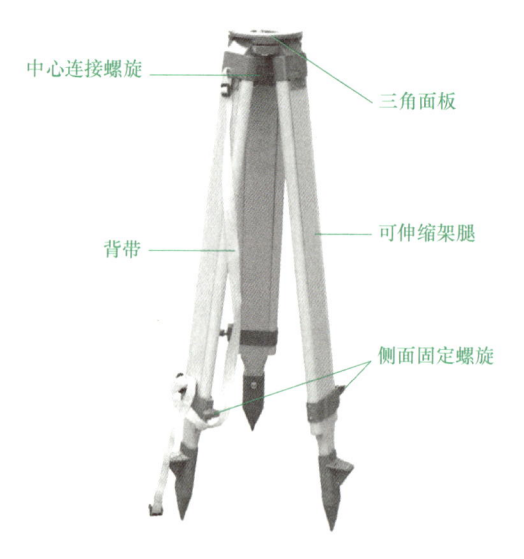

图 1-2　测量三脚架

1.1.7　思考题

国内主流全站仪品牌有哪些？

工作训练 1.2
认识全站仪的界面及相关符号

1.2.1 知识目标

1）能够说出全站仪界面上各软键的作用。
2）能够说出主界面的各符号所代表的意义。

1.2.2 能力目标

1）能够开、关机，调整屏幕亮度、对比度。
2）能够完成三种模式的切换以及测量界面的菜单切换。

1.2.3 训练内容

认识全站仪的界面及相关符号。

1.2.4 训练器具

主流品牌全站仪一台、木质脚架一副。

1.2.5 训练方法

配合本教材和线上习题，完成自主学习。

1.2.6 训练指导

1. 认识全站仪操作界面

全站仪的品牌不同，其操作界面也会有所区别，但是功能布局和常用提示符号大同小异。我们以科力达 KTS-442 系列全站仪为例，来学习全站仪的操作界面。

如图 1-3 所示，KTS-442 显示屏幕的底部有功能名称，这些功能通过键盘左下角对应的"F1"至"F4"按键进行切换，若要查看另一页的功能按<FNC>功能键。

KTS-442 右方有电源开关键、照明键、数字键盘、方向键盘、退出键和回车键。数字键盘通过"SFT"键完成数字输入到英文字母输入的切换。输入的数字或字母可以通过"BS"键来删除。想打开激光对中，可以在非输入界面中同时按下<SFT>和<+/−>键。

2. 全站仪三大模式切换

KTS-442 的操作是在一系列模式下进行的，如图 1-4 所示，全站仪一般有三大模式。不同模式有各自的功能菜单，我们需要了解不同模式间的相互关系，同时需要熟练掌握它们之间的切换方式。

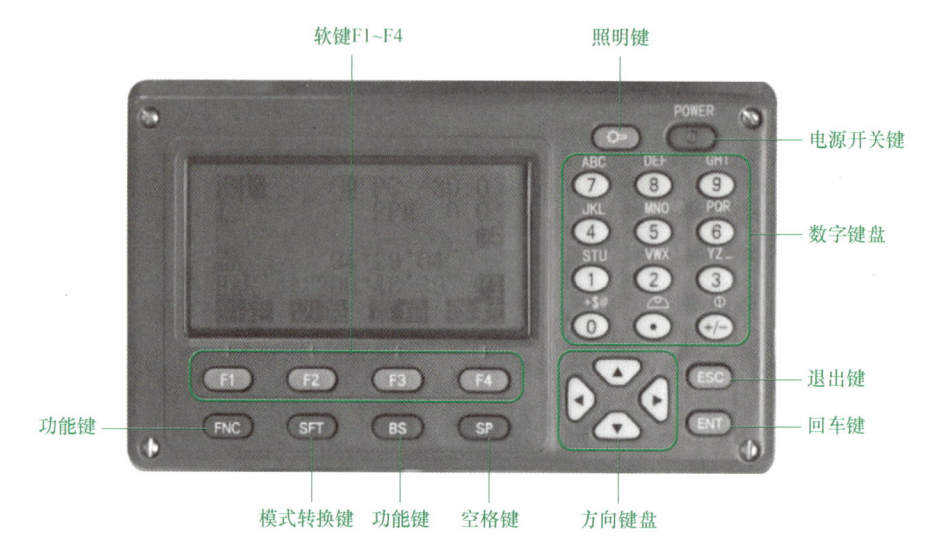

图 1-3　KTS-442 全站仪操作面板

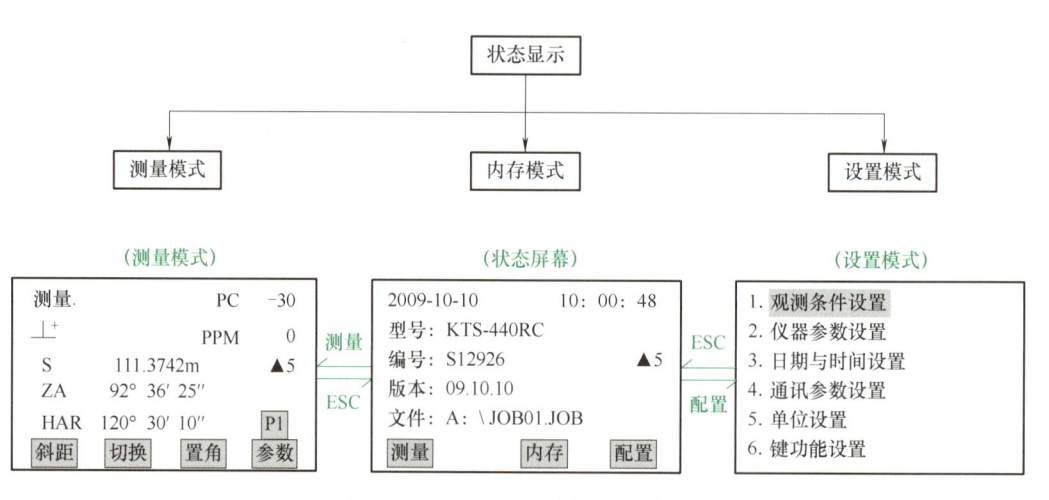

图 1-4　KTS-442 全站仪三大模式

全站仪一般开机默认是测量模式，可通过按<ESC>键切换到状态屏幕。状态屏幕则是通往三种模式的窗口，按下对应菜单中对应的软键，则可切换到不同模式。图 1-4 展示了进入测量模式和设置模式的方法，你们知道切换到内存模式的方法了吗？

请通过自学了解三大模式下的各项功能菜单。其中，测量模式下包含我们要通过全站仪做的大部分工作。除了基础测量外还有根据具体的测量专题而设计的程序测量。程序测量需要我们通过测量模式下的菜单进入并选择。

3. 常见显示符号及含义

在测量模式下，各项数据均用符号来作提示，需要认真学习常见符号的含义，熟练提取屏幕上给我们的反馈信息。

通过以上学习，让我们来检验一下学习成果，填入下列各符号的含义，见表 1-1。

表 1-1　全站仪界面符号及含义

符　号	含　义	符　号	含　义
PC		H	
PPM		V	
ZA		HAR	
VA		HAL	
V%		HAh	
S		⊥°	

习题

学习笔记

工作依据 1.3
相关知识点清单

知识点 1.3.1 全站仪的分类

全站型电子速测仪简称全站仪（Total Station），是一种集机械、光学、电子于一体的现代测量仪器。它可以同时进行角度（水平角、竖直角）测量、距离（斜距、平距、高差）测量和数据处理。全站仪整合了测角、测距、数据存储计算和显示，较完善地实现了测量和处理过程的电子化和一体化，故被称为"全站仪"。目前，全站仪是在测绘行业中广泛使用的一种测量仪器。

全站仪按其外观结构可分为以下两类：

（1）积木型（Modular，又称组合型）（见图 1-5）

早期的全站仪，大都是积木型结构，即电子速测仪、电子经纬仪、电子记录器各是一个整体，可以分离使用，也可以通过电缆或接口把它们组合起来，形成完整的全站仪。可测出平面距离、高差、方位角和坐标差，这些结果可自动地传输到外部存储器中。其优点是能通过不同的构件进行多样组合，当个别构件损坏时，可以用其他构件代替，具有很强的灵活性。代表产品有日本索佳生产的 REDmimi 短程测距仪加 DT2、DT4 或 DT5 电子经纬仪等。如图 1-5 所示是瑞士 WILD 在 1977 年生产的第一台电子全站仪 TC1。

（2）整体型（Integral）（见图 1-6）

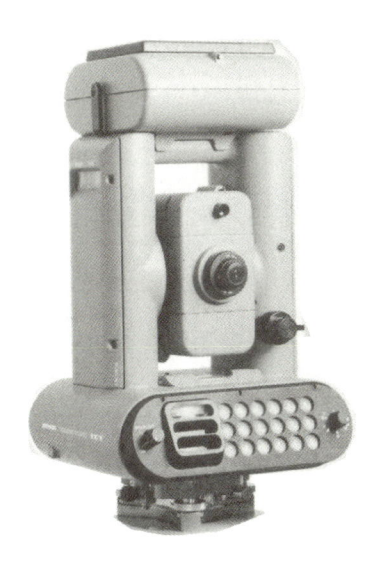

图 1-5 组合型全站仪

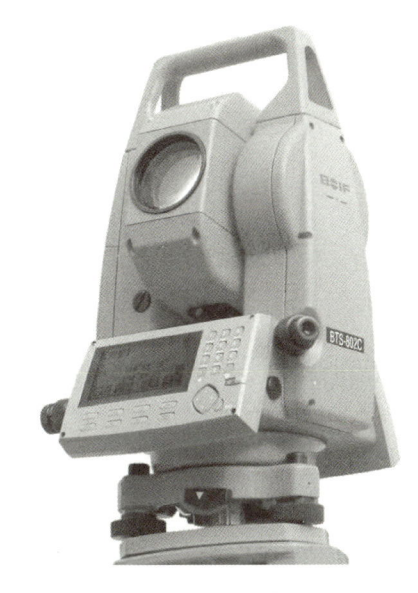

图 1-6 整体型全站仪

随着电子测距仪进一步的轻巧化，现代的全站仪大都把测距、测角和记录单元在光学、机械等方面设计成一个不可分割的整体，其中测距仪的发射轴、接收轴和望远镜的视准轴为同轴结构，这对保证较大垂直角条件下的距离测量精度非常有利。它具备全站仪电子测角、电子测距和数据自动记录等基本功能，最显著的特征是能存储数据。有的还可以运行厂家或用户自主开发的机载测量程序（如偏心测量、对边测量、悬高测量等）。代表产品有徕卡 TC 系列、拓普康 GTS-300 系列、南方 NTS-312 等。

全站仪按测量功能分类，可分成以下四类：

（1）经典型全站仪（Classical Total Station）

经典型全站仪也称为常规全站仪，其具备全站仪电子测角、电子测距和数据自动记录等基本功能，有的还可以运行厂家或用户自主开发的机载测量程序。其经典代表为徕卡公司的 TC 系列全站仪。

（2）机动型全站仪（Motorized Total Station）

在经典全站仪的基础上安装轴系步进电机，可自动驱动全站仪照准部和望远镜的旋转。在计算机的在线控制下，机动型全站仪可按计算机给定的方向值自动照准目标，并可实现自动正、倒镜测量。徕卡 TCM 系列全站仪就是典型的机动型全站仪。

（3）无合作目标型全站仪（Reflectorless Total Station）

无合作目标型全站仪是指在无反射棱镜的条件下，可对一般的目标直接测距的全站仪。因此，对不便安置反射棱镜的目标进行测量，无合作目标型全站仪具有明显优势。如徕卡 TCR 系列全站仪，无合作目标距离测程可达 1000m，可广泛用于地籍测量、房产测量和施工测量等。

（4）智能型全站仪（Robotic Total Station）

在自动化全站仪的基础上，仪器安装自动目标识别与照准的新功能，因此在自动化的进程中，全站仪进一步克服了需要人工照准目标的重大缺陷，实现了全站仪的智能化。在相关软件的控制下，智能型全站仪在无人干预的条件下可自动完成多个目标的识别、照准与测量。因此，智能型全站仪又称为"测量机器人"，典型的代表有徕卡的 TS60 型全站仪。

全站仪按测距仪测程分类，还可以分为以下三类：

（1）短距离测距全站仪

测程小于 3km，一般精度为 $\pm(5mm+5ppm\ D)$（$1ppm=10^{-6}$，D 为实际测量距离），主要用于普通测量和城市测量。

（2）中测程全站仪

测程为 3~15km，一般精度为 $\pm(5mm+2ppm\ D)$，$\pm(2mm+2ppm)$，通常用于一般等级的控制测量。

（3）长测程全站仪

测程大于 15km，一般精度为 $\pm(5mm+1ppm\ D)$，通常用于国家三角网及特级导线的测量。

我们按照《全站型电子测速仪检定规程》（JJG 100—2003）规范，根据全站仪精度等级将全站仪划分为四个等级，见表 1-2。

表1-2　全站仪等级划分

精度等级	测角标称标准误差	测角标准误差	测距标准误差/mm
Ⅰ	0.5″、1″	abs($m\beta$)≤1″	abs(md)≤2
Ⅱ	1.5″、2″	1″<abs($m\beta$)≤2″	abs(md)≤5
Ⅲ	3″、5″、6″	2″<abs($m\beta$)≤6″	5<abs(md)≤10
Ⅳ	10″	6″<abs($m\beta$)≤10″	10<abs(md)≤20

20世纪90年代以来，全站仪基本上都发展为整体型全站仪。随着计算机技术的不断发展与应用以及用户的特殊要求与其他工业技术的应用，全站仪出现了一个新的发展时期，出现了带内存、防水型、防爆型、电脑型等的全站仪，同时全站仪也开始与GPS测量技术、三维建模技术相结合，使得全站仪这一最常规的测量仪器越来越满足各项测绘工作的需求，发挥更大的作用。

知识点1.3.2　主流品牌全站仪的认识

当前市场上的全站仪品牌众多，它们的功用也各有不同。全站仪由于制作厂家、详细的生产技能的不一样，其技能指标也存在着差异性。

国外产品的主要代表是瑞士的徕卡（Leica，1988年并购了Kern），美国的天宝（Trimble，2003年、2004年先后并购了AGA、Zeiss和Nikon）和日本的拓普康（TOPCON，2007年并购了Sokkia），他们走在全站仪发展的前沿，仪器产品创新能力强，科技含量高，仪器综合性能和稳定性好，深受用户信赖，但价格相对较高。这类产品的国内用户主要集中在大中型国有企业、大专院校、科研机构和实力较强的工程部门。相对而言，国内市场上徕卡和拓普康占有一定份额，而天宝全站仪用户较少。

国内产品的主要代表是南方、苏一光、科力达和瑞得等公司。国产全站仪目前还处在进口芯片阶段，跟着国际发展方向走，产品的稳定性、可靠性有待提高，但价格优势明显，大多数公司售后服务周到，因而拥有大量的中小客户。

随着国产仪器的不断成熟，进口仪器在性能、可靠性、品牌的综合优势上不断遭遇挑战。近几年国产全站仪年产销量达3.5万台，而进口全站仪仅为1万台左右，国产全站仪已经成为我国全站仪市场上的主流。

目前常用全站仪的品牌及型号见表1-3。

表1-3　常用全站仪品牌及型号

品　牌	产品型号	特　点
徕卡	TPS400系列	普通全站仪
	TS0系列	普通全站仪
	TC800系列	普通全站仪
	TPS1200	免棱镜高精度
	TC2003	高精度全站仪
	TCA1800	高精度测量机器人
	TCA2003	高精度测量机器人 0.5″
	TM30、TS30	高精度测量机器人（0.5″，0.6+1）代替TCA 1800和TCA2003

（续）

品　牌	产品型号	特　点
拓普康	GTS-330 系列	普通全站仪
	GTS-720 系列	Win 全站仪
	GTS-7500 系列	第二代 Win 全站仪 第三代免棱镜（>2km）
	GTS-9000 系列	Win 全站仪+智能全站仪
索佳	NET-05	高精度 Win 全站仪 0.5″，0.8+1
天宝	Trimble M3	普通全站仪
	Trimble 5600 系列	镜站遥控、目标自动锁定（伺服电动机驱动）、免棱镜
	Trimble 5700	超全站仪
	Focus 8	Win 全站仪（中文操作系统）
	Focus 30	智能全站仪（测量机器人）
南方	NTS-320 系列	普通全站仪
	NTS-330 系列	普通全站仪（5km，免棱镜）
	NTS-340 系列	第一代 Win 全站仪
	NTS-350 系列	普通全站仪（5km，免棱镜）
	NTS-360 系列	普通全站仪（5km，免棱镜）
	NTS-370 系列	普及型 Win 全站仪
	NTS-960R 系列	Win 全站仪
	NTS-82	超全站仪
科力达	KTS-440 系列	普通全站仪
	KTS-550 系列	普通全站仪
	KTS-472R	Win 全站仪
	KTS-582R	Win 全站仪
瑞得	RTS-820 系列	普通全站仪
	RTS-852	普通全站仪
	RTS-862	Win 全站仪
	RTS-882	Win 全站仪
苏一光	RTS-110 系列	普通全站仪
	RTS-310 系列	普通全站仪
	RTS-610 系列	普通全站仪
	RTS-710 系列	Win 全站仪
	RTS-810 系列	Win 全站仪
	GTA-1800 系列	自动陀螺+Win 全站仪

(续)

品　　牌	产品型号	特　　点
博飞	BTS-6100 系列	普通全站仪
	BTS-7200 系列	普通全站仪
	BTS-800 系列	普通全站仪
	BTS-8002	智能全站仪
三鼎	STS-750 系列	普通全站仪
	STS-780 系列	Win 全站仪

知识点 1.3.3　全站仪功能键及参数解读

全站仪品牌不同，界面各功能键可能有差异，但均大同小异，我们可以通过学习，触类旁通。我们以科力达 KTS-442 全站仪为例，仪器出厂时在测量模式下各软键的功能见表 1-4 和表 1-5。

表 1-4　测量模式下功能页面

页　　面	名　　称	功　　能
第一页	平距（斜距或高差）	开始距离测量
	切换	选择测距类型（在平距、斜距、高差之间切换）
	置角	已知水平角设置
	参数	距离测量参数设置
第二页	置零	水平角置零
	坐标	开始坐标测量
	放样	开始放样测量
	记录	记录观测数据
第三页	置零	水平角置零
	坐标	开始坐标测量
	放样	开始放样测量
	记录	记录观测数据

表 1-5　全站仪面板各软键功能

名　　称	功　　能
ESC	取消前一操作，由测量模式返回状态屏幕
FNC	软键功能菜单，换页
SFT	打开或关闭切换（SHIFT）模式
BS	删除左边一空格
SP	输入一空格
▲	光标上移或向上选取选择项
▼	光标下移或向下选取选择项
◄	光标左移或选取另一选择项

工作任务 1　全站仪的基本认识

(续)

名 称	功 能
▶	光标右移或选取另一选择项
ENT	确认输入或存入该行数据并换行
1~9	数字输入或选取菜单项（数字输入模式下）
·	小数点输入（数字输入模式下）
+/-	输入负号（数字输入模式下）
STU GHI 1 ~ 9	字母输入，输入按键上方的字母（字母输入模式下）
▽	圆水准器显示（数字输入模式下）
① +/-	开始返回信号检测（数字输入模式下）

  KTS-442 全站仪在设置模式下，每次在观测工作之前，都应根据当前观测环境来设置系统参数。在设置模式下，我们可以设置如下仪器参数，见表1-6，这些参数一旦被设置，将被保存到再次改变为止。

表 1-6　全站仪系统参数及含义

设置屏幕	参　数	选择项（*：出厂设置）
观测条件设置	气象改正	不改正*
		$K=0.14$（改正，取 $K=0.14$）
		$K=0.2$（改正，取 $K=0.20$）
	垂角格式	天顶零*
		水平零
		水平零±90°
	倾斜改正	不改正*
		单轴
	测距类型	斜距*
		平距
		高差
	自动关机	30 分钟关机*
		手动关机
	坐标格式	N-E-Z *
		E-N-Z
	角度最小值	1″*
		5″
	读取坐标工作文件	待读取坐标的工作文件名
	盘左设置方位角	否*（盘左盘右测量同一点坐标值不同）
		是（盘左盘右测量同一点坐标值相同）

（续）

设置屏幕	参　数	选择项（*：出厂设置）
通讯参数设置	波特率	1200b/s *，9600b/s
		38400b/s，115200b/s
	数据位	8 位 *
		7 位
	奇偶校验	无校验 *
		奇校验
		偶校验
	停止位	1 位 *
		2 位
	校验和	关 *
		开
	流控制	关
		开 *
单位设置	温度	℃（摄氏度）*
		°F（华氏度）
	气压	hPa（毫巴）*
		mmHg（毫米汞柱）
		inchHg（英寸汞柱）
	角度	DEG（360 度制）*
		GON（400 度制）
		MIL（密位制）
	距离	m（米）*
		ft（英尺）

在测量模式下要用到若干个符号，这些符号及其含义见表 1-7。

表 1-7　全站仪系统内常用符号及含义

符　号	含　义
PC	棱镜常数
PPM	气象改正数
ZA	天顶距（天顶 0°）
VA	垂直角（水平 0°/水平 0°±90°）
V%	坡度
S	斜距
H	平距
V	高差
HAR	右角

工作任务 1　全站仪的基本认识

(续)

符　号	含　义
HAL	左角
HAh	水平角锁定
⊥	倾斜补偿有效

知识点 1.3.4　全站仪的技术指标

我们通常需要基于经济条件和工程精度要求来选择合适型号的全站仪参与生产。全站仪的技术参数可以在该品牌网站上或者仪器说明书上查询得到。

全站仪的主要技术参数如下：

1）望远镜放大倍数：反映全站仪光学性能的指标之一，普通全站仪一般为 30×（倍）左右。

2）望远镜视场角：反映全站仪光学性能的指标之一，普通全站仪一般为 1°30′。

3）管水准器格值：管水准器用于全站仪安置时的精确整平，管水准器格值大小反映其灵敏度的高低。灵敏度越高的管水准器，整平精度越高。普通全站仪管水准器格值为 20″/2mm 或 30″/2mm。

4）圆水准器格值：圆水准器用于全站仪安置时的粗略整平，其格值也是代表灵敏度。普通全站仪圆水准器格值为 8′/2mm。

5）测角精度：测角精度是全站仪重要的技术参数之一。普通全站仪有 10″、5″、2″几种。

6）测程：测程是指全站仪在良好的外界条件下可能测量的最远距离。普通全站仪一般在单棱镜时为 1km 左右，在三棱镜时为 2km 左右。

7）测距精度：测距精度是全站仪重要的技术参数之一，测距精度又称标称精度，其表示方法为 $\pm(a\text{mm}+b\text{ppm}D)$。

8）测距时间：测距时间是表示测距速度的指标。普通全站仪一般单次精测为 1~3s，跟踪为 0.5~1s。

9）距离气象改正：普通全站仪一般可输入参数自动改正。

10）高差球气差改正：普通全站仪一般可输入参数自动改正。

11）棱镜常数改正：普通全站仪一般可输入参数自动改正。

12）补偿功能：全站仪能对垂直轴倾斜进行补偿，补偿范围为 ±3′~5′。补偿类型分为单轴补偿、两轴补偿和三轴补偿。普通全站仪一般配有单轴补偿功能或双轴补偿功能。

13）显示行数：显示行数表示显示屏的大小。目前，全站仪的显示屏越来越大。

14）内存容量：内存容量表示记录储存数据的能力。全站仪的内存容量也是越来越大。

15）尺寸及重量：这个参数反映全站仪的体积和重量大小。

全站仪的主要技术参数中，测角精度和测距精度是最重要的两个技术参数，此处就测角精度和测距精度来作具体说明。

测角精度：KTS-442 全站仪测角精度为±2″，则是指一测回水平方向测角中误差为±2″。

测距精度：KTS-442 全站仪测距精度为±(2mm+2ppm×D)，式中的 D 为实测距离，单位为 km，ppm 是百万分之几的意思，即 10^{-6}。

测距精度分为固定误差和比例误差两部分。前面的 2mm 就是固定误差，主要由仪器加常数的测定误差、对中误差、测相误差造成的，不管测量的实际距离多远，全站仪都不会超过该值的固定误差。2ppm×D 代表它的比例误差，主要由仪器频率误差、大气折射率误差引起，这部分误差是随着实际测量值的变化而变化的，简单地说就是 1km 距离的毫米误差系数值。

例题：
　　当使 KTS-442 全站仪观测 500m 的距离时，该仪器的测距精度为多少？
$$500m = 0.5km$$
$$±(2mm+2ppm×D) = ±(2mm+2ppm×0.5km) = ±3mm$$
答： 该仪器测此段距离的精度为±3mm。

习题

工作任务1　全站仪的基本认识

学 习 笔 记

工作自测 1.4
自主学习任务单

1.4.1 认识全站仪的结构

一、学习任务

在学习全站仪的使用之前,大家应该已经熟练掌握了经纬仪的使用。经纬仪和全站仪从外形和功能上均有相似之处,我相信经过这次自主学习,你一定能迅速掌握全站仪的基本结构

任务		自测标准	学习建议
认识全站仪各个部件的名称	☐	任选 10 个部件均能准确说出其名称	1. 通过训练指导及相关素材进行学习 2. 两人一组互相检测,直至能掌握所有部件名称
认识全站仪各个部件的功能	☐	1. 拼接和分离全站仪的基座和照准部,并能够完成照准部锁定	1. 学习本教材及微课视频、线上习题 2. 对照经纬仪的架设,完成全站仪的架设。并观察其异同点 3. 对照经纬仪的各个部件,找到全站仪中的对应功能部件,并观察其异同点 4. 两人一组互相检测,直至能掌握所有部件基本功能
	☐	2. 任选 5 个部件均能准确说出其功能	
	☐	3. 能够准确进行全站仪的架设	
	☐	4. 能够将全站仪装箱	

小组成员:

二、学习笔记

1. 简述全站仪的部件与经纬仪部件的异同。

2. 简述全站仪架设与经纬仪的异同。

工作任务 1　全站仪的基本认识

学 习 笔 记

1.4.2 认识全站仪的界面及相关符号

一、学习任务

全站仪是一台及测角、测距、计算及显示功能为一体的测量仪器，在学习如何正确使用它之前，我们得好好了解一下它的软键功能，学会如何跟它沟通，让它和我们有序地进行数据交换

任务		自测标准	学习建议
认识主屏幕各个功能键	☐	任选10个功能键均能准确说出其名称和用法	1. 通过训练指导及相关素材进行学习 2. 两人一组互相检测，直至能掌握所有功能键名称及用法
认识全站仪三大模块的功能	☐	1. 能够完成三大模块之间的切换	1. 学习本教材及线上习题 2. 进行实操学习，在全站仪上切换不同菜单项，查看里面的内容 3. 两人一组互相检测，直至能掌握所有部件基本功能
	☐	2. 能够大概说出各个模块的主要功能	
	☐	3. 任意说出一个功能，能够知道是隶属于哪个模块的功能	
认识全站仪的常用符号及含义	☐	全站仪测量模式下，任选一个符号，能够说出其含义	两人一组互相检测，直至能掌握所有部件基本功能

小组成员：

二、学习笔记

1. 请写出你在全站仪上发现的未知符号，并通过查找资料了解其含义。

2. 请写出"坐标测量"在哪个模式下，如何进入坐标测量模块，且该模块下有哪些子菜单。

3. 如果目前使用的是一台全英文界面全站仪，那么我们应该如何学习它的使用呢？

4. 全站仪的界面上软键不如我们电脑的键盘多，需要频繁切换，您能够用"JOB2020-SXD"文件名来命名一个测量数据文件吗？请写出具体操作步骤。

工作任务1 全站仪的基本认识

学 习 笔 记

学 习 笔 记

学习笔记

工作任务 2

全站仪的基础测量

任务目标

1）要求能够正确用测回法进行水平角观测。
2）要求能够使用全站仪配置度盘以及实施水平角、垂直角的观测并读数。
3）要求能够使用全站仪实施距离测量,并能够进行距离测量模式的切换。

素质目标

1）培养认真负责、精益求精、严于律己、吃苦耐劳的精神。
2）培养谨慎谦虚、团结协作、主动配合的精神。
3）培养严格执行规范,保证成果质量,爱护仪器设备的意识。

任务成果

能够应用全站仪完成水平角、垂直角及距离的基础测量工作。

工作训练 2.1

全站仪水平角测量

2.1.1 知识目标

1）能够说出全站仪观测测量标志时的步骤及要点。
2）能够说出测回法测量水平角的操作流程。
3）能够分清当前全站仪的水平角格式,并能切换左角、右角格式。

2.1.2 能力目标

1）能够熟练使用全站仪完成测量标志照准,并进行读数。
2）能够使用全站仪配置度盘,实施测回法水平角的观测和计算。

2.1.3 训练内容

测回法水平角观测的实施。

2.1.4 训练器具

1）国内主流品牌全站仪一台。
2）木质脚架一副。
3）3H 的铅笔、计算器。
4）水平角观测手簿。

2.1.5 训练方法

配合本教材和微课视频、线上习题,完成预习,老师进行演示,自主进行实操训练。

2.1.6 训练指导

1. 观测精度要求

根据《工程测量标准》（GB 50026—2020）规定,以一级导线为准,使用精度为2″的仪器,则观测精度要求见表2-1。

表2-1　一级导线光电测距导线水平角观测技术要求

仪器等级	测回数	左+右-360°之差（″）	上下半测回之差（″）	两测回较差（″）
2″	2	≤±10	≤±10	≤±12

2. 方向观测及读数

第一步　设置模式。架设好全站仪，设置全站仪为测角模式，并将水平角格式设置为水平右角模式，如图 2-1 所示，则当前水平角提示符为 HAR。

第二步　粗照准。转动照准部，使得眼睛、粗瞄器、观测标志大致在一条直线上，此时旋紧水平制动螺旋。一般来说测量标志应在微偏左的位置，保证微调时向右旋进精确照准。

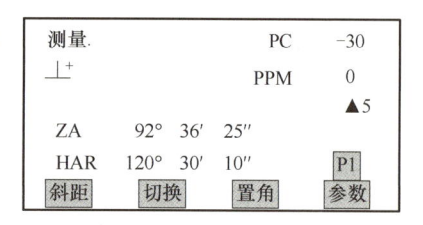

```
测量            PC    -30
⊥+              PPM    0
                      ▲5
ZA    92° 36′ 25″
HAR  120° 30′ 10″          P1
斜距     切换    置角    参数
```

图 2-1　全站仪测量模式界面

第三步　精照准。在目镜中观察测量标志，调整物镜调焦螺旋，使得测量标志清晰，调整目镜调焦螺旋使得十字丝清晰，直至两者均清晰。旋转水平微动螺旋，使得全站仪十字丝中心与测量标志中心重合。

第四步　读数。此时查看全站仪屏幕，HAR 行所显示的数据则为当前测量目标的水平方向读数。

水平角观测过程中，仪器或反光镜的对中误差不应大于 2mm，气泡中心位置偏离整置中心不宜超过 1 格。

3. 置零和置角

在进行测回法观测水平角或方向法观测水平角时，为了减弱度盘刻划误差影响和方向值的计算方便，通常规定某一目标为"零方向"，将度盘读数调整为 0°（置零）或某一规定值（置角）。

（1）置零

在测量模式下，屏幕最下方为常用功能菜单，通过 FNC 键能够翻页。如图 2-2 所示，当照准测量目标时，按下功能键 置零 ，则可将当前方向置为零方向，当前水平方向值为 0°00′00″。

（2）置角

通过 FNC 键能够翻页，如图 2-3 所示，按下功能键 置角 ，同时输入当前方向的规定方向值，则完成了置角。值得注意的是，不同型号全站仪的角度输入界面不相同，若输入框为单格，则可尝试"度·分秒"，"度·分·秒"的格式输入（如 90°30′45″，则输入形式为 90·3045 或者 90·30·45）。

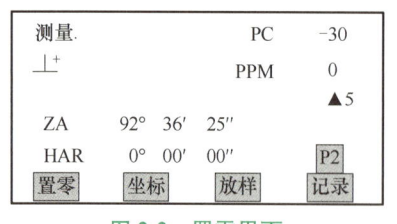

```
测量            PC    -30
⊥+              PPM    0
                      ▲5
ZA    92° 36′ 25″
HAR    0°  00′ 00″          P2
置零    坐标    放样    记录
```

图 2-2　置零界面

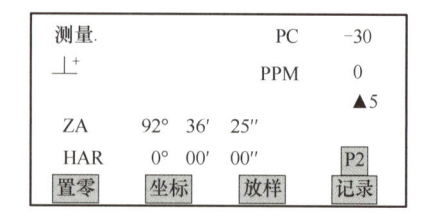

```
测量            PC    -30
⊥+              PPM    0
                      ▲5
ZA    92° 36′ 25″
HAR    0°  00′ 00″          P2
置零    坐标    放样    记录
```

图 2-3　置角界面

4. 测量步骤

（1）准备工作

设 O 点为测站点，A、B 两点为观测目标。

全站仪架设在 O 点，A 点 B 点分别架设一组棱镜。全站仪开机，在角度模式下，设置水平角（右角）。提前填写观测记录表相关信息，包括仪器编号、观测员、记录员、测站点及观测点编号等信息，如图 2-4 所示。

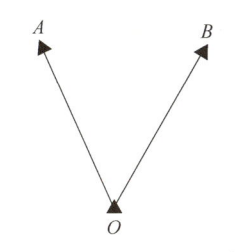

测回法水平角观测

图 2-4　测回法水平角观测示意

（2）水平角观测第一测回

盘左精确照准目标 A 的棱镜中心，在角度测量模式下置零，将当前水平角读数记入观测表，顺时针旋转照准部照准棱镜 B，测量水平角读数并记入表中。至此半测回完毕。

倒转望远镜，逆时针旋转照准部，照准目标 B 棱镜中心，记录显示的水平角读数。逆时针旋转照准部，照准后视零方向（棱镜 A），记录显示的水平角读数。至此水平角观测一测回完毕。

（3）重复观测

以 90°00′00″置盘，观测第二测回，步骤同第一测回。

（4）注意事项

1）注意仪器安全，仪器和棱镜不能离人。不能坐仪器箱上。

2）观测记录填写清楚，字迹要工整。

3）测完立即计算角值，如果超限，应重测。

4）应一组四人轮流观测，每人都有自己的观测记录。

（5）应交成果

测回法水平角观测记录，每人一份。

习题

学 习 笔 记

工作训练 2.2　全站仪垂直角测量

2.2.1　知识目标

1）能够说出测回法测量垂直角的操作流程。
2）能够分清当前全站仪的垂直角格式,并能切换四种不同格式。

2.2.2　能力目标

1）能够熟练使用全站仪观测垂直角并读数。
2）能够完成垂直角的计算。

2.2.3　训练内容

全站仪距离观测的实施。

2.2.4　训练器具

1）国内主流品牌全站仪一台。
2）木质脚架一副。
3）3H 的铅笔、计算器。
4）垂直角观测手簿。

2.2.5　训练方法

配合本教材和微课视频、线上习题,完成预习,老师进行演示,自主完成实操训练。

2.2.6　训练指导

1. 观测精度要求

根据《工程测量标准》(GB 50026—2020)规定,以一级导线为准,使用精度为 2″ 的仪器,则观测精度要求见表 2-2。

表 2-2　一级导线垂直角观测精度规范

测回数	2	
垂直角观测	指标差较差(″)	10
	测回较差(″)	10

2. 垂直角格式选择

垂直角的格式有四种:天顶零(天顶距)、水平零、水平零±90°(垂直角)和坡度

（V%）。垂直角格式通常选择天顶零（天顶距）或水平零±90°（垂直角）。全站仪 KTS-440 中垂直角格式设置流程如图 2-5 所示，不同型号全站仪设置流程均不同。

1）天顶零就是天顶距，竖直向上为 0 方向，顺时针旋转增加，角度显示范围为 0~360°。

2）水平零是指照准方向完全水平时显示 0，逆时钟旋转增加，角度显示范围为 0~360°。

3）水平零±90°就是测量学中定义的垂直角，以水平视线为 0，向上为正，向下为负，角度显示范围为 −90°~+90°。

4）坡度（V%）是以百分比的形式显示垂直角，即是该垂直角以百分数表示的正切值。

```
┌─────────────────────────┐      ┌──────────────────┐      ┌──────────────────────┐
│ 2007-10-10    10:00:48  │      │ 1. 观测条件设置   │      │ 观测条件设置          │
│ 型号：KTS440RC          │      │ 2. 仪器参数设置   │      │ 大气改正：不改正      │
│ 编号：S12926      ▲5    │ 配置 │ 3. 日期与时间设置 │  ↓   │ 垂角格式：天顶零      │
│ 版本：09.10.10          │ ───→ │ 4. 通讯参数设置   │ 方向 │ 倾斜补偿：单轴        │
│ 文件：A:\JOB01.JOB      │      │ 5. 单位设置       │  键  │ 测距类型：平距        │
│                         │      │ 6. 键功能设置     │      │ 自动关机：手动关机    │
│ 测量     内存     配置  │      │                   │      │                      │
└─────────────────────────┘      └──────────────────┘      └──────────────────────┘
```

图 2-5 设置垂直角格式

3. 测量步骤

（1）准备工作

如图 2-6 所示，O 点为测站点，A 点为观测目标。

全站仪架设在 O 点，A 点架设一组棱镜。全站仪开机，在角度模式下，设置垂直角（天顶距）模式。提前填写观测记录表的相关信息，包括仪器编号、观测员、记录员、测站点及观测点编号等信息。

（2）垂直角观测

1）盘左精确照准 A 点，读取垂直角并记录数据。

2）倒转望远镜，盘右精确照准 A 点，读取垂直角并记录数据。

3）至此为垂直角观测一测回，相同方法观测 A 点垂直角第二测回。

图 2-6 垂直角观测示意图

4. 注意事项

1）注意仪器安全，仪器和棱镜不能离人。不能坐仪器箱上。

2）观测记录填写清楚，字迹要工整。

3）观测完立即计算角值，如果超限，应重测。

4）一组四人轮流观测，每人都有自己的观测记录。

5. 应交成果

垂直角观测记录，每人一份。

测回法垂直角观测

习题

工作训练 2.3
全站仪距离测量

2.3.1 知识目标
1）能够说出全站仪测距的原理。
2）能够分清当前全站仪的三种距离格式，并能切换三种不同格式。

2.3.2 能力目标
1）能够熟练使用全站仪进行距离观测。
2）能够熟练切换当前全站仪的三种距离格式。

2.3.3 训练内容
全站仪距离观测的实施（单一目标，2 测回）。

2.3.4 训练器具
1）国内主流品牌全站仪一台。
2）木质脚架一副。
3）3H 的铅笔、计算器。
4）距离观测手簿。

2.3.5 训练方法
配合本教材和微课视频、线上习题，完成预习，老师进行演示，自主完成实操训练。

2.3.6 训练指导
1. 观测精度要求

距离测量精度要求与所实施的测量项目息息相关，我们以导线测量为例，根据《工程测量标准》（GB 50026—2020）规定，以一级导线为准，使用精度为 2″的仪器，则观测精度要求见表2-3。

表 2-3　一级导线距离观测精度规范

测回数		2
观测次数		2~4
距离观测	测距中误差/mm	15
	测距相对中误差	1/30000

2. 测距参数设置

根据光电测距原理，电磁波测距所得边长应进行加常数、乘常数、气象改正等，这些我们都需要在全站仪上通过设置合适的参数来实现。

1）加、乘常数配置：在主界面中按<ESC>键进入"配置"界面。按图 2-7 所示进入加、乘常数设置界面，这是仪器出厂时设定好的，不建议更改。

```
┌─────────────────┐      ┌─────────────────┐      ┌──────────────────────┐
│ 1. 观测条件设置 │ 2.仪器│ 1. 误差显示     │ 5.仪器│ 仪器常数设置         │
│ 2. 仪器参数设置 │ 参数 │ 2. 指标差设置   │ 常数 │ 加常数：   30 m      │
│ 3. 日期与时间设置│ 设置 │ 3. 视准差设置   │ 设置 │ 乘常数：   0.0ppm ▲5 │
│ 4. 通讯参数设置 │  →   │ 4. 横轴误差设置 │  →   │                      │
│ 5. 单位设置     │      │ 5. 仪器常数设置 │      │                      │
│ 6. 键功能设置   │      │ 6. 对比度设置   │      │                      │
└─────────────────┘      └─────────────────┘      └──────────────────────┘
```

图 2-7 设置仪器的加、乘常数

2）气象改正：输入温度、气压、气象改正。这些可依据手机天气预报中的数据填入。气象改正（PPM）可选：$K=0$、$K=0.14$、$K=0.20$。

3）棱镜常数设置：包括棱镜、无棱镜、反射片，不同品牌全站仪数据不同，根据仪器说明书填入。

4）测距模式：包括单次精测、N 次精测、重复精测、跟踪测量，如图 2-8 所示。

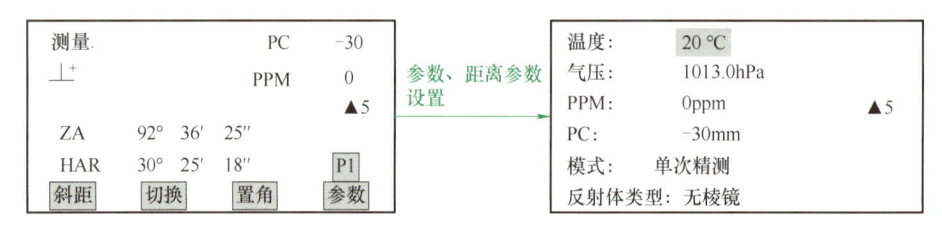

```
┌──────────────────────────────┐            ┌──────────────────────────┐
│ 测量         PC     -30      │ 参数、距离参数│ 温度：    20 ℃           │
│ ⊥+          PPM      0      │    设置     │ 气压：    1013.0hPa      │
│                         ▲5  │     →       │ PPM：     0ppm       ▲5  │
│ ZA    92° 36′ 25″            │            │ PC：      -30mm          │
│ HAR   30° 25′ 18″      P1   │            │ 模式：    单次精测       │
│ 斜距  切换   置角   参数     │            │ 反射体类型：无棱镜       │
└──────────────────────────────┘            └──────────────────────────┘
```

图 2-8 设置其他测距参数

3. 测距格式选择

全站仪测距有三种格式可选择：斜距（S）、平距（H）、高差（V）。

斜距：全站仪中心到棱镜中心的直线距离。

平距：斜距在水平面上的投影。

高差：斜距在竖直面上的投影。

如图 2-9 所示，全站仪开机即进入测量模式，照准棱镜中心，按下 斜距 对应的软键即可完成距离测量，如需切换其他测距模式，按屏幕上的 切换 按钮即可。

```
┌──────────────────────────────┐
│ 测量         PC     -30      │
│ ⊥+          PPM      0      │
│ S            m          ▲5  │
│ VA    92° 36′ 25″            │
│ HAR   30° 25′ 18″      P1   │
│ 斜距  切换   置角   参数     │
└──────────────────────────────┘
```

图 2-9 测距格式切换

4. 测量步骤

（1）准备工作

如图 2-10 所示，O 点为测站点，A 点为观测目标。

图 2-10　全站仪距离测量示意图

全站仪架设在 O 点，A 点架设一组棱镜，全站仪开机。提前填写观测记录表中相关信息，包括仪器编号、观测员、记录员、测站点及观测点编号等信息。

（2）参数设置

1）加、乘常数设置。熟悉界面，不修改参数。

2）温度、气压、气象改正、棱镜常数、观测模式的参数设置。熟悉界面，掌握参数的修改方法。

3）温度、气压按照观测时的实际数据填写。

4）气象改正为 $K=0$，不改正。

5）棱镜常数为 -30。

6）观测模式应设置为 N 次精测。

（3）距离观测

1）盘左精确照准 A 点，观测斜距并记录数据，同时切换平距、高差记录下数据。

2）松开水平制动，重新精确照准 A 点，操作同上一步骤。至此为 2 测回。

（4）注意事项

1）注意仪器安全，仪器和棱镜不能离人。不能坐仪器箱上。

2）观测记录填写清楚，字迹要工整。

3）观测完立即计算数据，如果超限，应重测。

4）一组四人轮流观测，每人都有自己的观测记录。

5. 应交成果

距离观测记录应每人一份。

学 习 笔 记

工作训练 2.4
全站仪数据管理

2.4.1 知识目标

1）能够说出坐标数据文件和观测数据文件的区别。
2）能够说出数据和文件有哪些编辑项目。

2.4.2 能力目标

1）能够熟练使用全站仪进行观测数据的查看与编辑。
2）能够正确地进行新建文件、编辑文件和删除文件。

2.4.3 训练内容

全站仪数据管理及数据传输。

2.4.4 训练器具

国内主流品牌全站仪一台，木质脚架一副。

2.4.5 训练方法

配合本教材，老师进行演示，自主完成实操训练。

2.4.6 训练指导

全站仪有自身的处理器和存储器，可以在测量时提取已经存储进去的已知数据，也可以将观测后的数据存储到存储器内，它是通过数据文件来管理这些数据的，坐标数据文件是用来存储和管理已知数据，而测量数据文件是用来存储和管理观测数据的。

请注意，不同品牌的全站仪对于文件管理有些许差异，大家需要借助仪器说明书以及网络资料来了解所使用的全站仪是如何来管理数据文件的。

对于文件我们需要掌握的是新建、改名、删除、导入和导出，对于数据我们需要掌握数据的查看、添加和删除。下面我们就以科力达 KTS-440 为例，来学习全站仪的数据管理。

1. 文件管理

在状态模式下，我们按下 内存 键进入内存管理，对于工作文件的编辑需要先设置好当前工作文件，如图 2-11 所示。观测后的数据均会存储到当前工作文件中。

（1）文件的新建

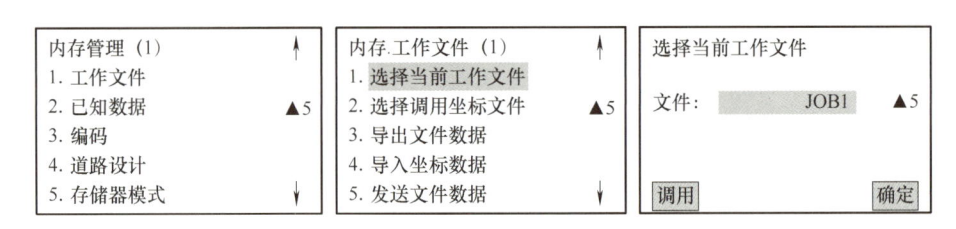

```
┌─────────────────────┐   ┌─────────────────────┐   ┌─────────────────────┐
│ 内存管理 (1)      ↑ │   │ 内存.工作文件 (1)  ↑ │   │ 选择当前工作文件     │
│ 1. 工作文件         │   │ 1. 选择当前工作文件  │   │                     │
│ 2. 已知数据     ▲5  │   │ 2. 选择调用坐标文件 ▲5│   │ 文件：    JOB1   ▲5 │
│ 3. 编码             │   │ 3. 导出文件数据     │   │                     │
│ 4. 道路设计         │   │ 4. 导入坐标数据     │   │                     │
│ 5. 存储器模式    ↓  │   │ 5. 发送文件数据  ↓  │   │ 调用          确定  │
└─────────────────────┘   └─────────────────────┘   └─────────────────────┘
```

图 2-11　设置当前工作文件

在选择文件界面下，按 调用 键进入磁盘列表。Disk：A 表示本地磁盘，Disk：B 表示插入的 SD 卡所带的磁盘。根据图 2-12 所示，可以进入新建界面，在此界面可以进入"2. 新建工作文件"，通过键盘输入文件名，可以输入数字、英文字母和符号。

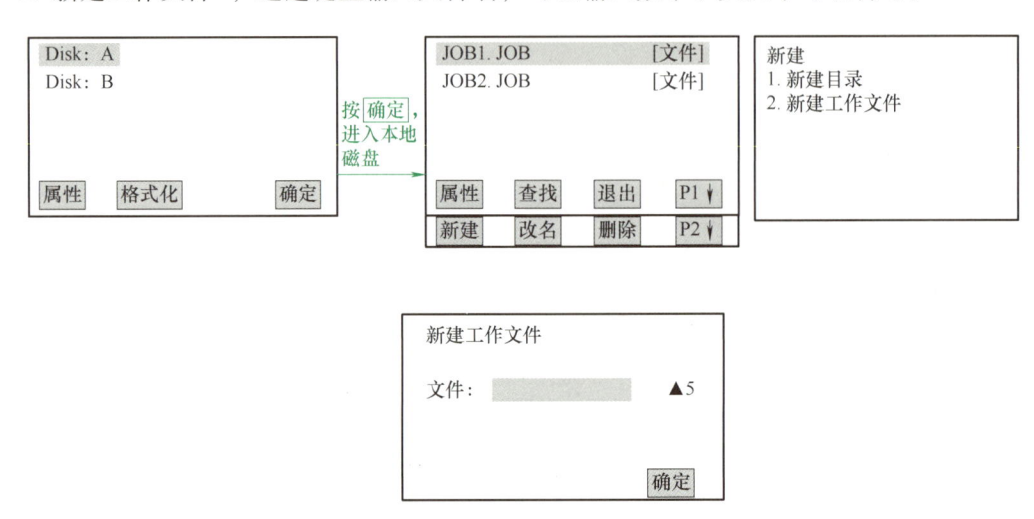

```
┌─────────────────┐            ┌─────────────────────┐   ┌─────────────────────┐
│ Disk: A         │            │ JOB1.JOB     [文件] │   │ 新建                │
│ Disk: B         │   按 确定, │ JOB2.JOB     [文件] │   │ 1. 新建目录         │
│                 │   进入本地 │                     │   │ 2. 新建工作文件     │
│                 │   磁盘     │                     │   │                     │
│                 │    ──→    │                     │   │                     │
│ 属性 格式化 确定│            │ 属性  查找  退出 P1↓│   │                     │
└─────────────────┘            │ 新建  改名  删除 P2↓│   └─────────────────────┘
                               └─────────────────────┘

                       ┌─────────────────────┐
                       │ 新建工作文件         │
                       │                     │
                       │ 文件：         ▲5   │
                       │                     │
                       │                 确定│
                       └─────────────────────┘
```

图 2-12　新建文件

（2）文件的删除

在文件列表中，选中要删除的文件，按下对应的软键即可。

（3）文件的改名

在"选择当前工作文件"的界面下有改名的功能，按下相应的软键进去则可以进行文件的改名，如图 2-13 所示。

```
┌─────────────────────┐
│ 改名                │
│                     │
│ 文件：    JOB1   ▲5 │
│                     │
│                 确定│
└─────────────────────┘
```

（4）文件的上传与下载

文件的上传与下载内容较多，我们会通过单独的专题来学习，此处不作讲述。

图 2-13　工作文件的改名

2. 数据管理

（1）输入已知数据

已知坐标可以预先输入和存储于仪器内，这些数据可以作为外业测量的测站点、后视点和放样点坐标使用。已知坐标数据的预先输入可采用键盘输入，也可以在电脑中编辑好数据文件上传到全站仪中。

1）测量模式下，进入 记录 功能，选择"1. 输入坐标数据"，完成数据输入，按 记录 键保存。

2）内存模式下，进入 已知数据 ，选择"1. 输入坐标数据"，完成数据输入，按 记录 键保存。

两种途径下均可进入已知坐标数据，输入的坐标数据会存入设置好当前工作文件，如图 2-14 所示。

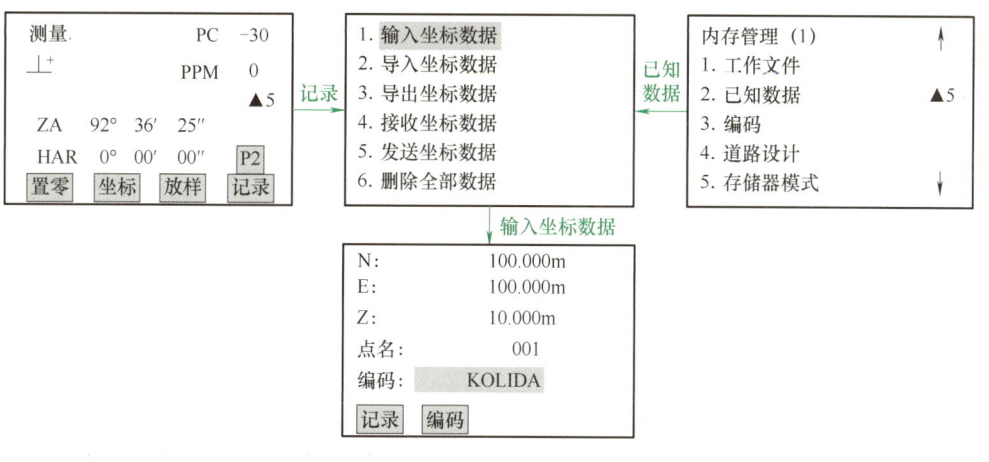

图 2-14 输入已知坐标数据

（2）记录、查阅测量数据

在测量模式下，进入 记录 界面，可以进行与记录数据有关的操作，包括记录测量点数据，记录后视点数据，记录角度测量数据，记录距离测量数据，记录坐标数据，记录距离与坐标数据，记录注释数据和调阅工作文件数据。这些针对坐标测量，角度测量、距离测量的测量实施，我们在此处用得最多的功能是查阅数据。

在记录界面，翻页到第二页菜单"8. 查阅数据"功能界面中，我们就可以对当前测量工作文件中的测量数据进行查阅、查找、删除和添加，如图 2-15 所示。

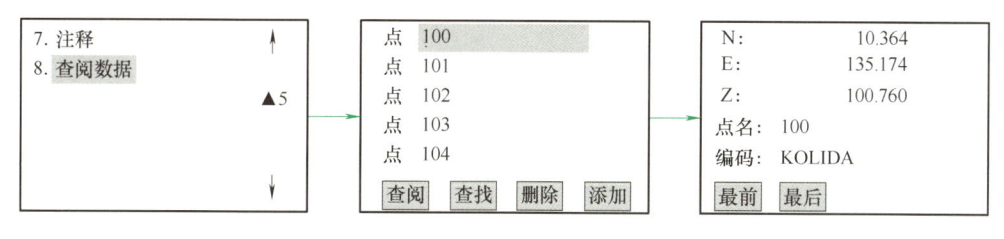

图 2-15 查阅测量数据

学 习 笔 记

工作训练 2.5

全站仪数据传输

2.5.1 知识目标

1）能够知道数据上传、下载的概念。
2）能够说出全站仪数据传输的步骤。
3）能够知道如何下载全站仪对应型号的传输软件。

2.5.2 能力目标

1）能够选择与全站仪型号相对应的数据传输软件。
2）能够根据全站仪的型号选择合适的数据传输途径。
3）能够正确在电脑和全站仪之间完成测量数据的传输。
4）能够转换数据格式。

2.5.3 训练内容

全站仪数据传输。

2.5.4 训练器具

1）国内主流品牌全站仪一台。
2）计算机一台（已安装对应的传输软件）。
3）数据传输线一根。

2.5.5 训练方法

配合本教材和微课视频、线上习题，老师进行演示，自主完成实操训练。

2.5.6 训练指导

全站仪外业观测中可以形成坐标数据文件、距离数据文件、角度数据文件等。工作中经常需要提前在计算机中将控制点数据编辑成工作文件后，上传到全站仪中方便外业观测调取，或者将外业测量的数据下载到计算机中用于后续绘图。

如图 2-16 所示，数据传输所涉及的硬件有三方：全站仪、数据线和计算机。

1）全站仪：老款的全站仪的数据线是串口线，新款的数据线已经有三种传输渠道，即串口数据传输、USB 数据传输和 SD 卡数据传输，如图 2-17 所示。

KTS-442

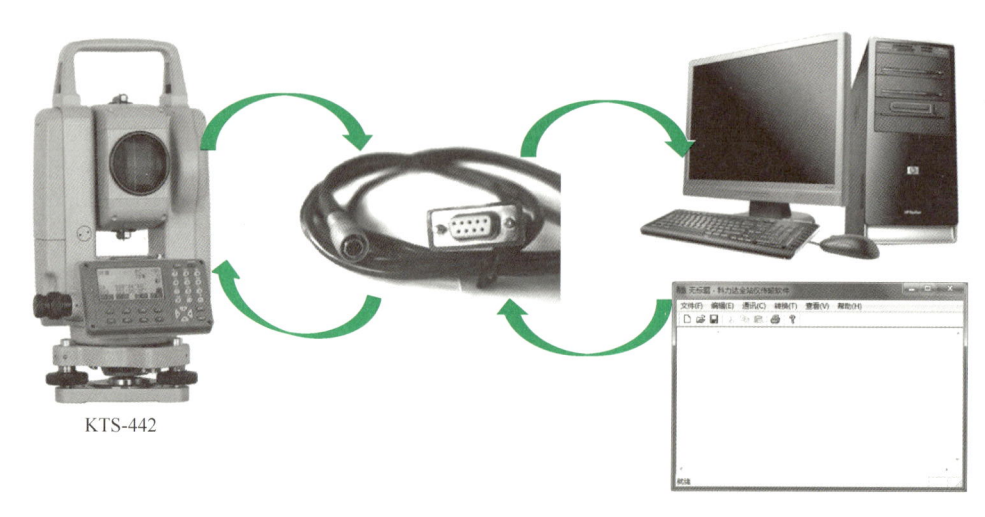

图 2-16　全站仪数据传输示意图

USB数据线
串口数据线
SD卡

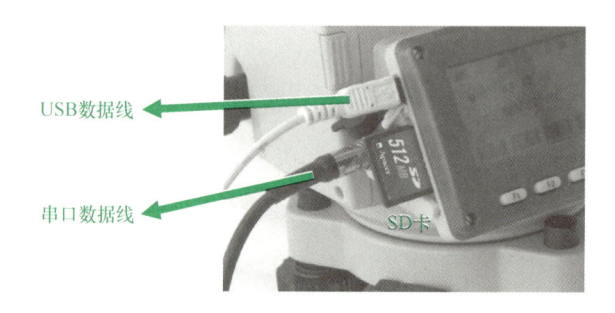

图 2-17　全站仪数据输出的三种接口

全站仪数据传输-com 口　　　全站仪数据传输-SD 卡　　　全站仪数据传输-USB 口

2）数据线：根据目前新款全站仪的配置，USB 数据线和 SD 卡日常生活中其他场景也经常使用，此处不再赘述。

3）计算机：计算机和全站仪之间进行数据传输，需要保证计算机上已经安装全站仪型号所对应的传输软件，我们可以在全站仪品牌所对应的仪器生产商官网上去下载。

不管哪种型号的全站仪，数据传输的基本步骤是相同的。基本步骤如下：

1）计算机中安装适合本型号全站仪的传输软件并打开；
2）打开全站仪，进入"传输设置"的功能项；
3）将计算机和全站仪的传输需要的各种通讯参数设置保持一致；
4）使用数据线连接计算机和全站仪；

5）在全站仪上进入下载（或上传）某坐标数据文件的功能项；

6）按照软件提示的顺序上传或者下载数据文件。

1. 数据下载

数据下载是指将全站仪上的工作文件传输到计算机中。我们以 KTS-442 全站仪为例，学习使用 USB 数据传输方法完成工作文件的下载。

（1）用数据线连接全站仪和计算机

将数据线两端各自连接到全站仪和计算机对应的插口。

（2）设置通讯参数

打开科力达全站仪传输软件，并打开菜单命令"通讯"，选择"通讯参数"子菜单。通讯参数设置界面如图 2-18 所示。

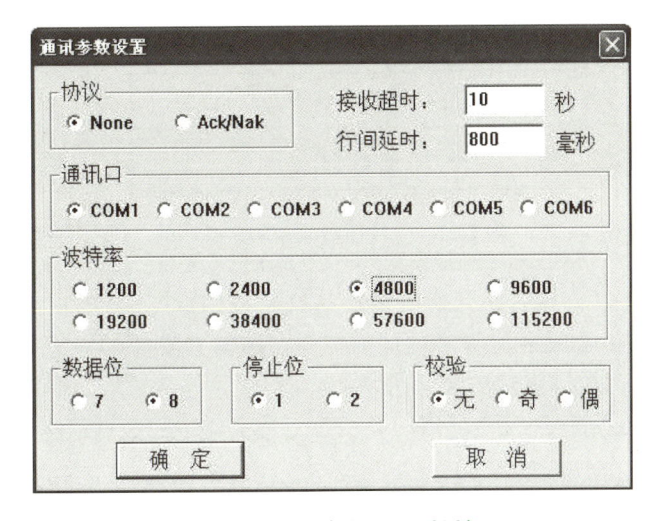

图 2-18　通讯参数设置对话框

打开科力达全站仪，按<ESC>键进入仪器信息界面，进入"配置"子菜单，再进"4. 通讯参数设置"，如图 2-19 所示，各参数与软件中设置相同。

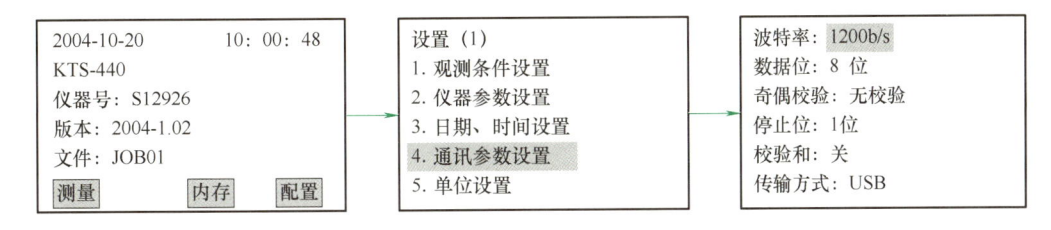

图 2-19　配置通讯参数

（3）数据的下载

准备开始数据下载操作。打开计算机的传输软件"科力达全站仪传输软件"。选择菜单"通讯"，点击子菜单"下传 KTS400/500 数据"（这里与全站仪的型号一致），如图 2-20 所示。

软件中会弹出对话框如图 2-21 所示。

回到全站仪中，按下操作面板上的<ESC>键，进入"内存"，选择"工作文件"，再

工作任务 2　全站仪的基础测量　43

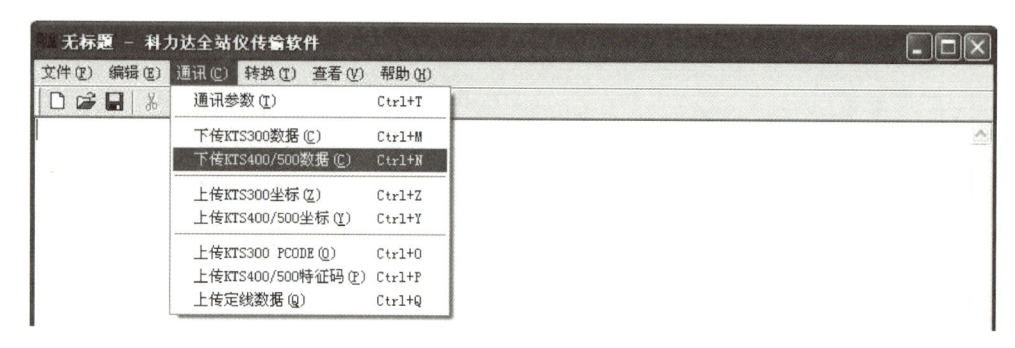

图 2-20　全站仪传输软件下载命令

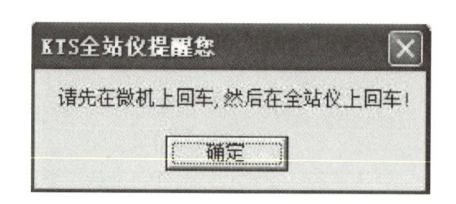

图 2-21　上传下载响应顺序对话框

选择"工作文件输出",然后在列表中选择将要下载的数据文件名。按照软件的提示信息,先在计算机上按<Enter>(回车)键,再在全站仪上按<ENT>(回车)键。

(4) 转换成通用数据文件格式

如果下载正常,则软件窗口会依次显示出工作文件中的数据信息,如图 2-22 所示。

图 2-22　全站仪传输数据完成

选择软件菜单"转换"中的子菜单"CASS 坐标(KTS400/500)",如图 2-23 所示。

弹出对话框,如图 2-24 所示,选择"是",则开始转换。

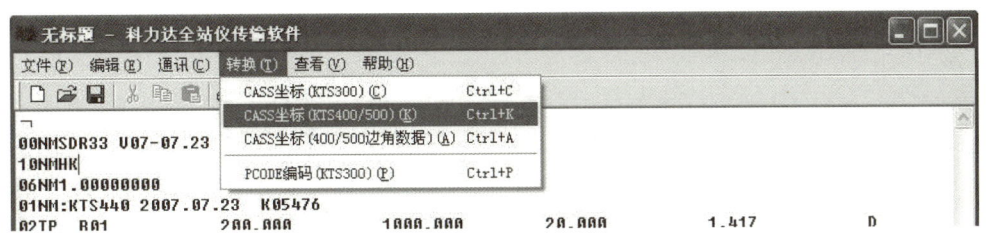

图 2-23　数据文件格式转换命令

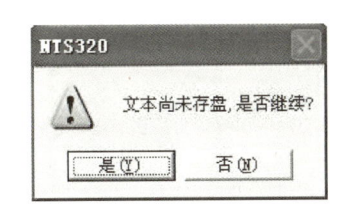

图 2-24　文件存盘对话框

转换完成如图 2-25 所示，并选择菜单"文件"下的"另存为"保存数据文件，请注意此时文件的后缀名为"dat"，如"YH1001.dat"（CASS 绘图软件所支持的坐标数据文件格式）。

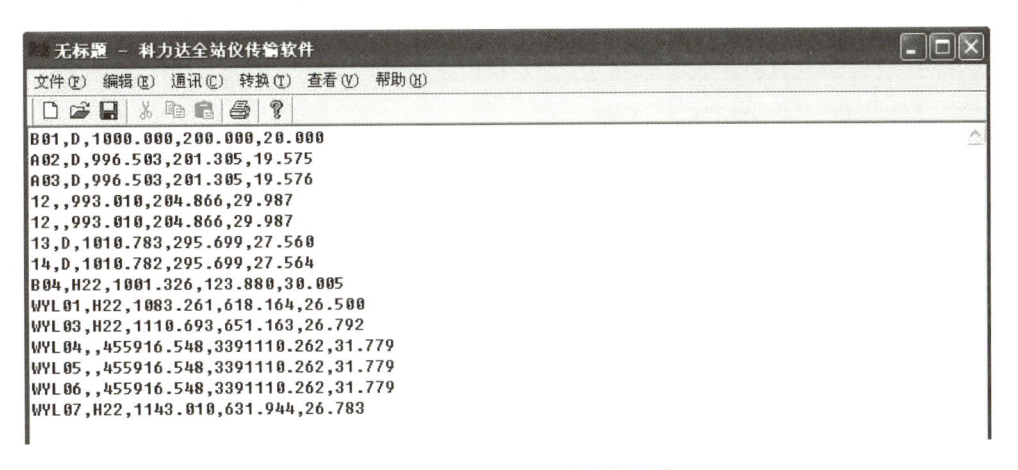

图 2-25　数据文件格式转换完成

2. 数据上传

数据上传和数据下载准备工作相同，均需连接计算机和全站仪，并将传输软件和全站仪上的通讯参数设置一致。

（1）准备数据文件

在计算机的"科力达全站仪传输软件"中选择菜单"文件"并"打开"，选择要上传的数据文件，如图 2-26 所示。数据文件由文本文件编写而成，数据后缀名改为"dat"即可。数据文件的数据组织格式为："点名，编码，N，E，Z"。其中编码部分可以省略，比如第一个点的坐标是 $N=1$，$E=2$，$Z=3$，则输入"1，2，3"。每一行数据代表一个三维坐标，每行数据编辑完需要换行完成第二行数据的编辑。

工作任务 2　全站仪的基础测量　　45

注意： 最后一行坐标数据编辑完后要按<Enter>（回车）键，否则上传的数据文件最后一行数据会漏传。

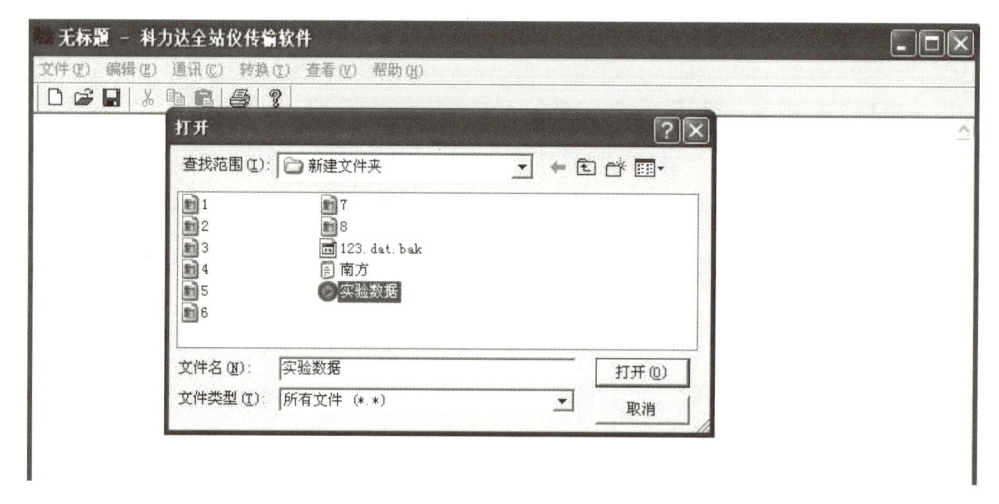

图 2-26 打开数据文件

打开以后，软件界面如图 2-27 所示。

图 2-27 数据显示界面

（2）设置通讯参数并开始上传

与数据下载时设置通讯参数的操作相同，设置好全站仪及计算机上的通讯参数。在"科力达全站仪传输软件"中选择菜单"通讯"，选择子菜单"上传 KTS400/500 数据"（此处同使用的全站仪的型号一致），弹出对话框，如图 2-28 所示。

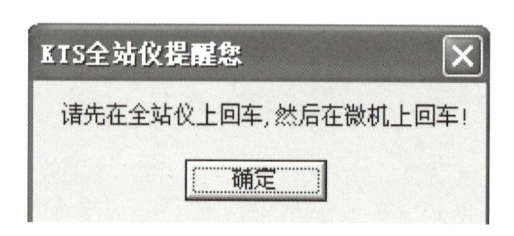

图 2-28 上传数据响应顺序

在全站仪中，同样按操作面板上的<ESC>键，进入"内存"，选择"工作文件"，再选择"工作文件输入",然后在列表中选择需要上传的数据文件名(如果原数据文件有数据,则原数据仍保留,上传的数据追加其后)。然后按照计算机上的提示,先在全站仪上按<ENT>(回车)键,再在计算机上按<Enter>(回车)键。

上传完界面如图 2-29 所示。

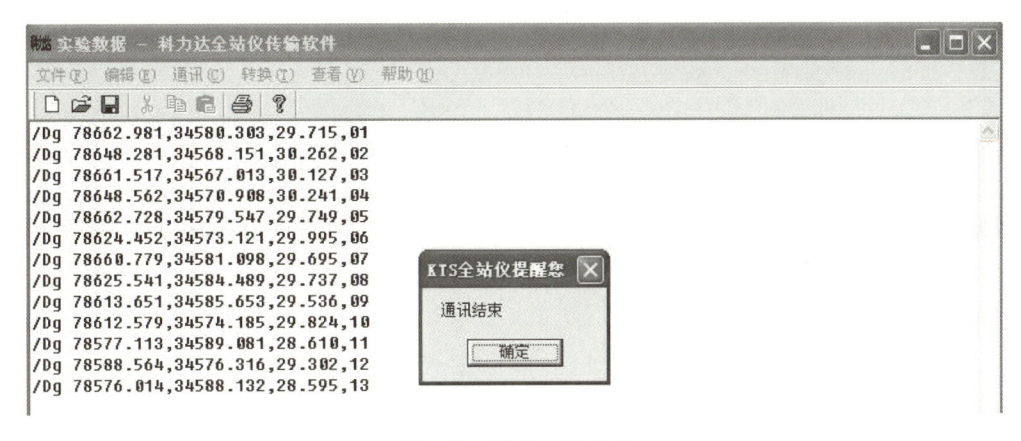

图 2-29　数据上传完成

此时,我们在全站仪的工作文件列表中能查找到该文件。

习题

工作任务 2　全站仪的基础测量　　47

学习笔记

工作依据 2.6
相关知识点清单

知识点 2.6.1　全站仪测角原理

全站仪电子测角是利用光电转换原理和微处理器自动测量照准方向在度盘上的读数，并将测量结果显示在仪器的显示屏上，也可以自动储存测量结果。

全站仪电子测角系统有三种：光栅度盘测角系统、编码度盘测角系统和动态测角系统。光栅度盘测角系统属于增量式电子测角系统早期的全站仪，大多采用光栅度盘测角系统。

1. 光栅度盘测角系统

径向均匀地刻有许多等间隔线条的玻璃圆盘称为光栅度盘。光栅度盘测角系统通常要由两个光栅度盘组成，其中一个称为主光栅，另一个称为指示光栅。主光栅与指示光栅的线条宽度和栅距 d 相同，但两度盘的光栅方向形成一个很小的角度 θ，如图 2-30 所示。当两个间隔相同的光栅成很小的交角相重叠，在它们相对移动时可以看到明暗相间的干涉条纹，称为莫尔干涉条纹，简称莫尔条纹。

设 ω 为条纹宽度，d 为栅距，θ 为两光栅的交角，则近似可得：

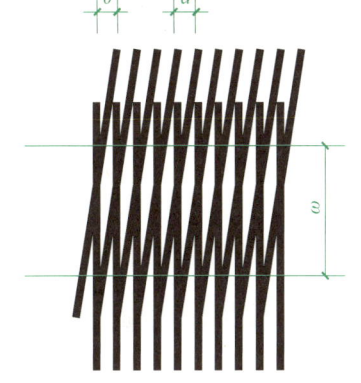

图 2-30　莫尔条纹

$$\omega = (d/2)/\tan(\theta/2) \quad (2-1)$$

一般来说，θ 很小，故上式可简化为：

$$\omega = d/\theta \quad (2-2)$$

莫尔条纹宽度 ω 与栅距 d 之比被定义为莫尔条纹的放大倍数 K：

$$K = \omega/d = 1/\theta \quad (2-3)$$

由于 θ 很小，因此 K 值很大，也就是说，莫尔条纹起着放大作用，这样大大提高了分辨率，而且 θ 越小，K 值越大。由此可见，要知道光栅相对移动的数目，只需测出莫尔条纹的移动数目。当光栅相对移动一个栅距 d 时，莫尔条纹就沿垂直于光栅相对移动的方向移动一个条纹宽度 ω。

光栅度盘的读数系统采用发光二极管和光电二极管进行光电探测，如图 2-31 所示。在光栅度盘的一侧安置发光二极管，另一端正对位置安装光电接收二极管。指示光栅、发光二极管、光电二极管固定，而主光栅度盘随照准部一起旋转。当望远镜从一个方向转到另一个方向时，两光栅度盘相对移动，就会出现莫尔条纹的移动。莫尔条纹的光信号被光电二极管接收,经整形电路转换成矩形信号,经计数器记录信号周期数,通过总线系统输入到存储器,再经计算由显示屏以度分秒的格式显示出来。

利用光栅度盘测角就是要测定从起始方向两光栅度盘相对移动的光栅数,因此这种测角方式称为增量式测角。增量式测角易于制造,早期的全站仪大多采用这种方式测角,其缺点是每次开机需要进行角度初始化,且关机后不能保持关机时的测角状态。

2. 编码度盘测角系统

光学编码度盘是在度盘上刻数道同心圆,构成若干码道,同时将度盘等间隔地划分为若干扇区,在各扇区内不同的码道上按规律设置导电区和绝缘区,用导电和不导电分别代表二进制中的"1"和"0"。图2-32为四码道16扇区四位编码度盘,在码盘下方安置电信号输出电路。测角时度盘随照准部旋转到某目标不动后,由该扇区的导电区与不导电区得到其组合电信号。

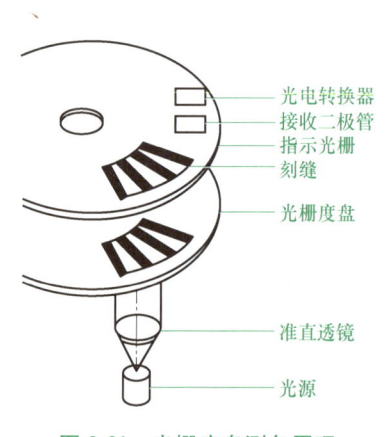

图 2-31 光栅度盘测角原理

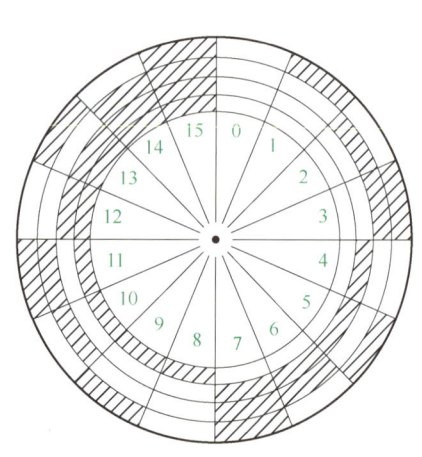

图 2-32 四位编码度盘

图2-32的编码度盘信号输出为1001。输出的组合电信号通过译码器将其转换为角度值,并在显示屏上显示。

四位编码度盘有16个扇区,即可以读取16个读数,分辨率为 $360°/16 = 22.5°$。显然,这个分辨率是不能满足测角要求的。提高编码度盘的测角分辨率,除了适当增加扇区数和码道数外,主要是采用电子测微技术。角度电子测微技术是利用电子技术对交变的电信号进行内插,从而提高计数脉冲的频率,达到细分效果,提高测角分辨率。

由于编码度盘可以在任意位置上直接读取度、分、秒值,故编码测角又称为绝对式测角。绝对式测角系统不仅具有开机无须角度初始化,且关机后保留角度信息的优点外,还可以使仪器获得更稳定、更精确的测量值。现在生产的普通全站仪,无论进口的或国产的,基本都是采用绝对式测角系统。

3. 动态测角系统

动态测角系统的度盘为环状度盘,如图2-33所示,度盘上刻画等间隔的明暗分划线,明的透光,暗的不透光,相当于栅线和缝隙,一对明暗分划线为一个栅格,其栅距(间隔角)为 ϕ_0。度盘内外边缘装有两个光栏(光电传感器)S 和 R,S 为固定光栏,位于度盘外侧;R 为可动光栏,随照准部一起转动,位于度盘内侧。同时,度盘上还有

两个标志点 a 和 b，S 只接收 a 的信号，R 只接收 b 的信号。测角时，S 代表任一原方向，R 随着照准部旋转，当照准目标后，R 位置已定，此时启动测角系统，使度盘在电动机的驱动下，始终以一定的速度逆时针旋转，b 点先通过 R，开始计数。接着 a 通过 S，计数停止，此时记下了 RS 之间的栅距（ϕ_0）的整倍数 n 和不足一个栅距的小数部分 $\Delta\phi$，则水平角为：

$$\beta = n\phi_0 + \Delta\phi \quad (2-4)$$

实际上，一个栅格为一脉冲信号，水平角的栅距（ϕ_0）整倍数 n 由 R、S 的粗测功能计数测得；不足一个栅格的小数部分 $\Delta\phi$ 由 R、S 的精测功能测得。粗测和精测的信号经计算送到中央处理器，然后由显示屏显示或记录于数据终端。

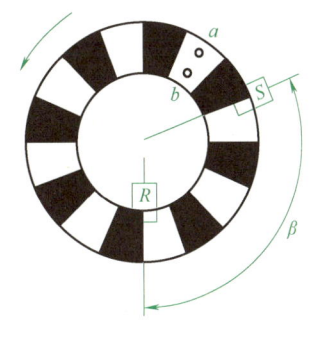

图 2-33　动态测角系统原理

由于测角时，仪器的度盘分别绕垂直轴和水平轴恒速旋转，故这种测角技术称为动态式测角。

动态测角的精度取决于 $\Delta\phi$ 的测量精度，而 $\Delta\phi$ 的测量精度取决于将 $\Delta\phi$ 划分成多少个相位差脉冲，划分的相位差脉冲数越多，测角精度就越高。

动态测角能消除度盘栅格的刻划误差，测角精度高，目前主要用于高精度（0.5″级）全站仪。但动态测角需要电动机带动度盘，因此在结构上比较复杂，耗电量也大一些。

知识点 2.6.2　全站仪测距原理

1. 电子测距的基本原理

电子测距即电磁波测距，它的基本原理是利用电磁波在空气中传播的速度为已知这一特性，测定电磁波在被测距离上往返传播的时间来求得距离值。

根据电子测距的原理（图 2-34），当测得光波在某测段上进行往返传播的时间为 t，则测段距离：

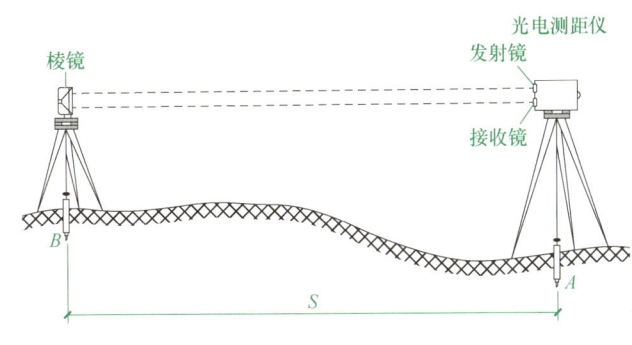

图 2-34　电子测距原理

$$S = Ct/2 \quad (2-5)$$

式中，S 为测段距离；C 为大气中的光速，约 300000km/s；t 为往返传播的时间，单程距离需要将 t 除以 2。

式中光速 C 已知,所以电子测距的精度取决于时间 t 测量的精度。

按这种原理设计制成的仪器叫作电磁波测距仪,又分为脉冲式测距仪和相位式测距仪。脉冲式测距仪是直接测定光波传播的时间,由于这种方式受到脉冲的宽度和电子计数器时间分辨率限制,所以测距精度不高,一般为 $1\sim 5m$,所以全站仪电子测距不采用这种方式。相位式测距仪是利用测相电路直接测定光波从起点出发经终点反射回到起点时因往返时间差引起的相位差来计算距离,该方法测距精度较高,一般可达 $5\sim 20mm$。目前短程测距仪大都采用相位法计时测距。

根据测定时间方式的不同,电子测距分为脉冲式电子测距和相位式电子测距两种。

2. 相位法测距原理

相位式电子测距除了依靠光波外,还借助于一种测距信号。这种测距信号由本机振荡器产生,并加载到光波上,形成调制光波。测距信号加载调制过程类似于无线电广播中音频信号加载调制过程。

如图 2-35 所示,电子测距的发射系统在测距时向外发射调制光波,接收系统接收经反射棱镜反射回来的调制光波,由解调器解出测距信号,由检相器对发射信号相位和接收信号相位进行比较,并测出其相位增量,从而间接地计算测段距离。

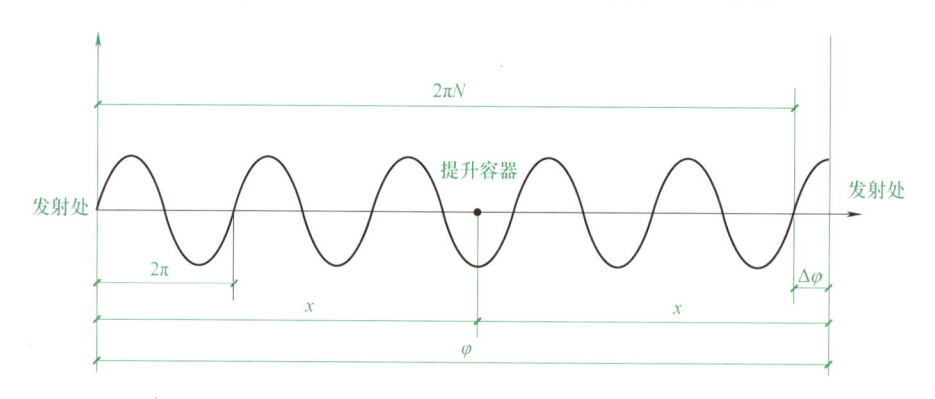

图 2-35 相位式电子测距原理示意图

如图 2-35 所示,设发射处与反射处(提升容器)的距离为 x,激光的速度为 c,激光往返它们之间的时间为 t,则有:

$$t = \frac{2x}{c} \tag{2-6}$$

设调制波频率为 f,从发射到接收间的相位差为 φ,则有:

$$\varphi = 2\pi ft = \frac{4\pi fx}{c} = 2\pi N + \Delta\varphi \tag{2-7}$$

其中,N 为完整周期波的个数,$\Delta\varphi$ 为不足周期波的余相位。因此可解出:

$$x = \frac{\varphi c}{4\pi f} = \frac{c}{2f}\left(\frac{2\pi N + \Delta\varphi}{2\pi}\right) = \frac{c}{2f}(N+\Delta N) \tag{2-8}$$

其中,N 即为整尺数,$\Delta N = \Delta\varphi/2\pi$ 称为余尺。

以 λ 表示调制信号的波长,因 $\lambda = c/f$ 则有:

$$x = \frac{\lambda}{2}(N+\Delta N) \tag{2-9}$$

这就是相位式电子测距的基本公式。相当于用半波长的这把尺子去丈量距离，共增量了 N 整尺和不足 1 尺的小数部分，距离值由此计算而得，因而半波长又称为"光尺"。

实际上，我们无法检测出 N，而只能测出不足一个相位的 $\Delta\varphi$，因此只有当 N 等于 0 时，才能通过检相器测出 $\Delta\varphi$ 来计算距离，所测距离为 ΔN 与半波长 $\lambda(\lambda/2)$ 之积。要使 N 等于 0，那么我们需要测距的调制光波波长使之长于所测距离。

另一方面，检相器的精度一般为 1/1000 左右。若光尺设定得很长，测距误差也会增大。如 3000m 的光尺，其测距误差为 3m。为了保证一定的测程和一定的测距精度，全站仪一般设定了多把长短不一的光尺。最长的光尺决定仪器的测程，最短光尺决定仪器的精度。仪器无法测出长于最长光尺的距离。

> 例如：用 10km 的光尺测量一段距离，测得 $\Delta N = 0.247$，用 100m 的光尺测量该段距离，测得 $\Delta N = 0.691$，用 1m 的光尺测量该段距离，测得 $\Delta N = 0.083$，则该段距离值为 2469.083m，误差只有 1~2mm。

知识点 2.6.3　测回法水平角观测的记录计算

测回法是观测水平角的一种最基本方法，适用于两个方向的单个水平夹角观测，常用于平面导线测量中的角度观测。如图 2-36 所示，以 O 点为测站，A、B 两点为观测目标，则观测 β 角的一测回观测程序如下：

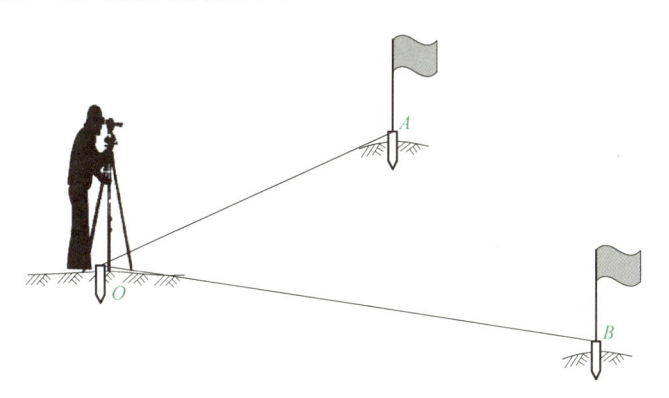

图 2-36　测回法水平角观测

1）在 O 点安置全站仪并对中、整平。

2）盘左精确照准目标 A，以调焦消除十字丝视差，十字丝中心与观测目标中心重合，度盘"置零"，记录此时水平角读数为 $a_左$，记入表 2-4 中位置①。

3）松开水平制动螺旋，顺时针转动仪器照准部，精确照准右边的目标 B，读取水平角读数 $b_左$，记入表 2-4 中位置②。

以上 2）、3）两步用盘左观测为上半测回，其角值称为上半测回角值，即盘左水平角读数，大小为：

$$\beta_左 = b_左 - a_左 \tag{2-10}$$

计算上半测回角值角值，并记入表 2-4 中位置③。

4）倒转望远镜，盘右观测。先观测目标 B，观测方法同前，记录水平角读数为 $b_右$，记入表 2-4 中位置④。

5）逆时针转动全站仪照准部，精确找准目标 A，记录当前水平角读数为 $a_右$，记入表 2-4 中位置⑤。

以上 4）、5）两步用盘右观测为下半测回，其角值称为下半测回角值，即盘右水平角读数，大小为：

$$\beta_右 = b_右 - a_右 \tag{2-11}$$

计算下半测回角值，并记入表 2-4 中位置⑥。

上、下半测回称为一测回，其角值大小为上、下两半测回角值的平均值，即

$$\beta = \frac{1}{2}(\beta_左 + \beta_右) \tag{2-12}$$

计算上、下两半测回角值的平均值，并记入表 2-4 中位置⑦。上、下半测回角值之差（⑥-③之值）及测回间角值之差必须符合限差要求，不同精度的仪器，不同的测量等级，不同测量规范，限差要求都不一样的。为提高观测精度，常采用多测回观测；为了减弱度盘刻划误差，各测回间应变换度盘位置。各测回的角度平均值填入表 2-4 中位置⑧。

表 2-4 测回法水平角记录计算表

测站	测回	盘位	测点	水平角读数 ° ′ ″	半测回角值 ° ′ ″	一测回平均值 ° ′ ″	各测回平均值 ° ′ ″
O	1	左	A	①	③	⑦	⑧
			B	②			
		右	B	④	⑥		
			A	⑤			
	1	左	A	0 00 01	11 46 18	11 46 21	11 46 18
			B	11 46 18			
		右	B	180 00 12	11 46 26		
			A	191 46 38			
	2	左	A	90 00 02	11 46 04	11 46 14	
			B	101 46 06			
		右	B	270 00 15	11 46 16		
			A	281 46 31			

知识点 2.6.4 南方 CASS 坐标数据文件

南方 CASS 是目前应用非常广泛的数字地形图编辑软件，不同品牌的全站仪均设计了将传输出的坐标数据转换成南方 CASS 坐标数据文件的功能。所以南方 CASS 坐标数据文件常作为坐标数据文件的通用文件格式。

1. 南方 CASS 坐标数据文件格式

CASS 坐标数据文件本质是文本文件，只需新建一个文本文件，改后缀名为"dat"，则相当于新建一个 CASS 数据文件，如图 2-37 所示。我们需要编辑其数据文件时，可选择使

用文本编辑器打开，或者直接使用 Windows 自带的写字板或者记事本打开进行常规编辑。

图 2-37　CASS 数据格式常用打开方式

2. 南方 CASS 坐标数据文件的数据组织方式

CASS 坐标数据文件的数据组织方式需要熟练掌握，方便处理数据时编辑和查错。数据文件中，如图 2-38 所示，数据文件中的每一行代表一个坐标点信息。包括五个数据，分别是：

点号，[code 属性代码/编码]，东坐标 Y，北坐标 X，H 高程

每一行之间使用英文逗号分隔（如使用中文逗号则识别无效），每行以回车换行符结尾。其中编码部分可以省略，编码主要用于半自动绘图时编码识别时所用，并不影响数据文件的传输和使用。

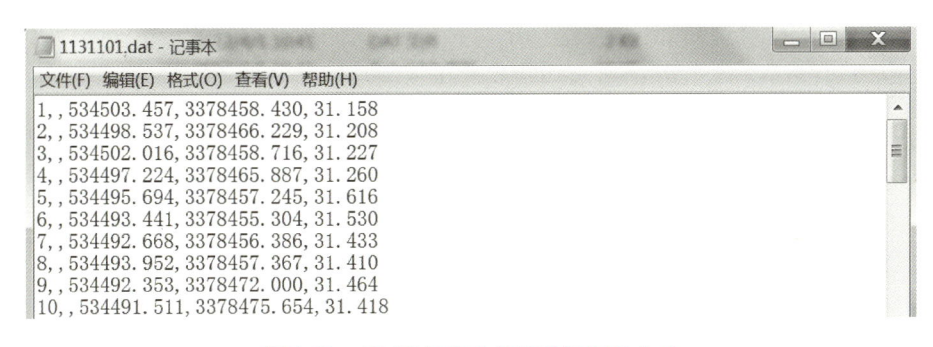

图 2-38　CASS 数据文件的数据组织方式

3. 将 Excel 文件格式和 CASS 数据文件相互转换

Excel 数据文件格式常用作坐标数据的编辑和存储，因此在工作中我们经常遇到 Excel 数据文件转换成 CASS 数据文件或者反向转换。通过此知识点，我们来学习两种数据文件格式之间的转换方法。

（1）CASS 数据文件转换到 Excel 数据文件

CASS 数据文件是文本文件，每行数据中间用逗号分隔，利用这个特点，我们需要借助 Excel 软件中的分列功能来完成数据的分列存储。

1）用文本编辑器打开 CASS 数据格式，如图 2-39 所示，打开 FH1001.dat 文件；

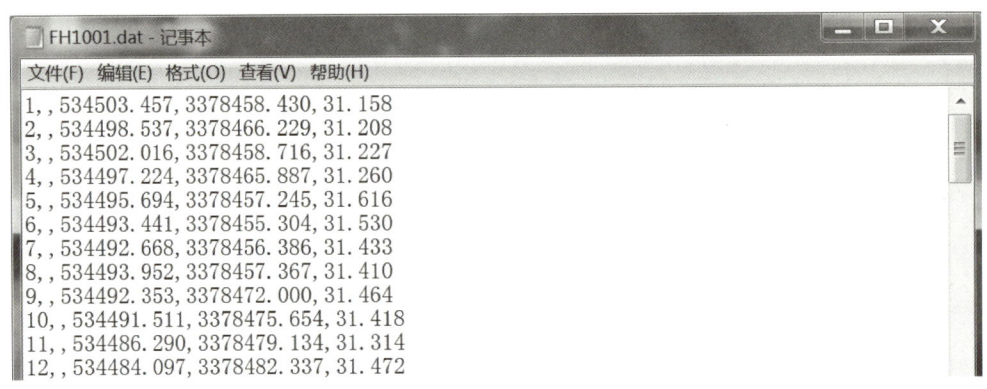

图 2-39　打开数据文件

2）用组合键<Ctrl+A>来全选所有数据行，然后按下组合键<Ctrl+C>或者单击鼠标右键快捷菜单中的"复制"按钮，复制这些选中数据；

3）打开 Excel 软件，并新建一个数据文件，单击鼠标右键快捷菜单的"粘贴"按钮或按下组合键<Ctrl+V>，将数据行粘贴到 Excel 中，粘贴后数据行会在第一列如图 2-40 所示；

图 2-40　粘贴到 Excel 文件中

4）选中第一列数据，在菜单"数据"中按下"分列"按钮。会弹出"文本分列向导"，如图 2-41 所示，通过设置来逐步完成数据的分列。因 CASS 格式的数据间的分隔符号是逗号，因此我们可以在文本分列向导对话框第二步，分隔符号勾选"逗号"，则可完成数据分列存储。分隔完成后的 Excel 数据文件如图 2-42 所示，可进行后续的数据处理。

（2）Excel 数据文件转换到 CASS 数据文件

Excel 数据文件常用于数据的存储、筛选、数据处理等。测量工作中常需要将已知控制点数据上传到全站仪中，用于现场的测量实施，这就需要将 Excel 数据文件转换成

CASS 数据文件格式，用于数据上传。

1）按照 CASS 的数据格式，将数据列调整到一致，如图 2-43 和图 2-44 所示。CASS 数据组织格式中每行有 5 列，因此按照它的数据列顺序，包括点号列后面增加一列空列，以及坐标 X、Y 列变更顺序。**注意：**务必将 Excel 中表头去掉。

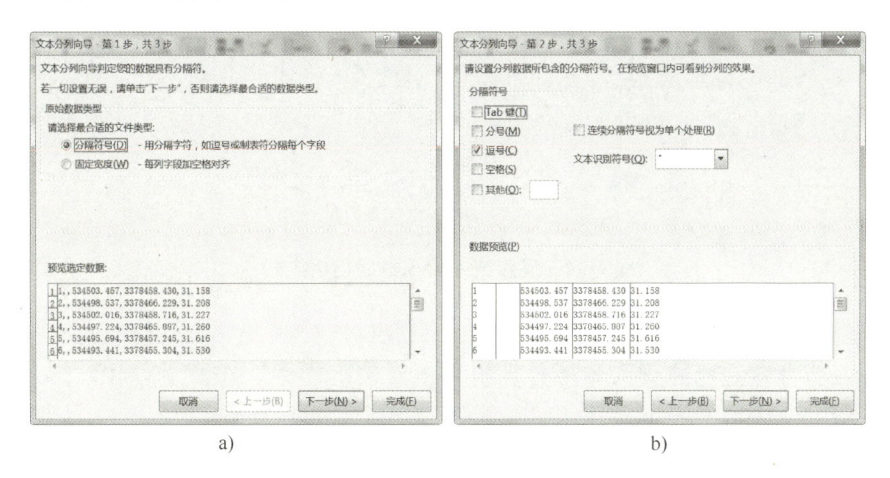

图 2-41 文本分列向导

图 2-42 文本分列成 5 列

图 2-43 常用坐标数据组织方式

工作任务 2 全站仪的基础测量 57

图 2-44　调整成 CASS 数据组织方式

2）将 Excel 数据文件另存为 CSV 格式（图 2-45）。CSV 是最通用的一种文件格式，它可以非常容易地被导入各种计算机表格及数据库中。在此文件中，一行即为数据表的一行。生成数据表字段用半角逗号隔开。将 Excel 文件另存时，选择 CSV 格式，如图 2-45 所示。CSV 文件用记事本和 Excel 都能打开，用记事本打开显示逗号，用 Excel 打开，直接就是数据列。

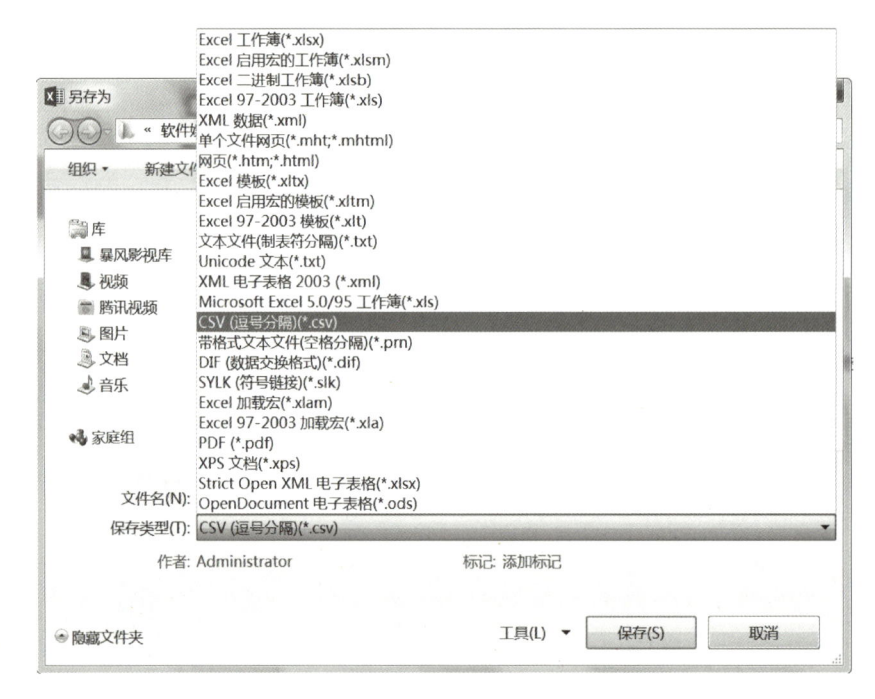

图 2-45　另存 CSV 格式

3）将 CSV 格式文件修改后缀名为 DAT 格式即可。只需要选中文件名，将后缀名"CSV"更改成"dat"即可。则 Excel 数据文件转换成 CASS 数据文件格式。

工作自测 2.7
自主学习任务单

2.7.1 全站仪水平角测量

一、学习任务

水平角观测是测量的基础工作之一,相信在前期的测量基础课中对于测回法水平角观测已经具备一定基础。经纬仪是光学测角仪器,全站仪是电子测角仪器,两者有很多共通之处,请对照经纬仪水平角观测的方法来学习全站仪水平角观测的方法

任务	自测标准		学习建议
认识全站仪角度格式设置	☐	1. 是否通过屏幕信息,知道当前全站仪水平角读数是左角还是右角模式	1. 通过老师的演示、训练指导及相关素材进行学习
	☐	2. 是否能够通过设置界面来切换左右角模式	2. 通过自测标准逐条检测,直至熟练操作过关
	☐	3. 是否能够正确的置零和置角	

项目		细则		分数
1. 对中整平 20 分	时间分	对中整平时间不超过3分钟,整个项目时间不超过20分钟	1分钟以内20分,2分钟以内10分 3分钟以内5分,3分钟以外0分 项目超时扣5分	
	质量分	对中整平无误不扣分	整平偏2格以内扣5分,偏2格以外扣10分;对中小圈外扣5分,对中大圈外扣10分,对中看不到标志扣10分	
全站仪测回法水平角观测 2. 仪器操作80分	设置	设置水平角模式10分	设置水平角模式为水平右角	
	置角	置零5分	第一测回置A方向为零方向	
		置角5分	第二测回置A方向为90°00′00″	
	测水平角	测回法观测水平角30分	盘左盘右观测步骤不完整扣5分观测顺序不对扣5分 数据超限扣10分	
	数据计算	数据计算是否正确20分	数据计算错一处扣3分	
	记录	整洁,规范10分	仪器编号、仪器高、观测员等没填扣2分 用橡皮擦涂改一处扣2分 数字看不清一处扣2分 角度中10分以下的数据涂改一处扣2分	
			总计:	
小组成员:				

（续）

二、学习笔记

1. 全站仪水平角观测过程的要点是什么?

2. 一测回水平角观测，以本节训练的示意图 2-4 所示，观测顺序是什么?

2.7.2 全站仪垂直角测量

一、学习任务

垂直角观测是测量的基础工作之一，是我们进行三角高程测量的必不可少的基础测量工作之一。经纬仪是光学测角仪器，全站仪是电子测角仪器，两者有很多共通之处，请对照经纬仪垂直角观测的方法来学习全站仪垂直观测

任务	自测标准		学习建议
认识全站仪角度格式设置	☐	1. 是否通过屏幕信息，知道当前全站仪垂直角是哪种格式	1. 通过老师的演示、训练指导及相关素材进行学习
	☐	2. 是否能够通过设置界面来切换垂直角格式	2. 通过自测标准逐条检测，直至熟练操作过关

项目		细则		分数
1. 对中整平 20 分	时间分	对中整平时间不超过 3 分钟，整个项目时间不超过 20 分钟	1 分钟以内 20 分，2 分钟以内 10 分 3 分钟以内 5 分，3 分钟以外 0 分 项目超时扣 5 分	
	质量分	对中整平无误不扣分	整平偏 2 格以内扣 5 分，偏 2 格以外扣 10 分；对中小圈外扣 5 分，对中大圈外扣 10 分，对中看不到标志扣 10 分	
全站仪测回法垂直角观测 2. 仪器操作 80 分	设置	设置水平角模式 20 分	能够切换不同的垂直角格式 10 分 设置垂直角模式为天顶距 10 分	
	测垂直角	测回法观测垂直角 30 分	盘左盘右观测步骤不完整扣 5 分。观测顺序不对扣 5 分，数据超限扣 5 分	
	数据计算	数据计算是否正确 20 分	数据计算错一处扣 3 分	
	记录	整洁，规范 10 分	仪器编号、仪器高、观测员等没填扣 2 分 用橡皮擦涂改一处扣 2 分 数字看不清一处扣 2 分 角度中 10 分以下的数据涂改一处扣 2 分	
			总计：	

小组成员：

二、学习笔记

1. 全站仪垂直角观测中的要点是什么？

2. 为什么观测垂直角需要测回法盘左盘右观测？

学 习 笔 记

2.7.3 全站仪距离测量

一、学习任务

距离观测是测量的基础工作之一，也是我们进行三角高程测量的必不可少的基础测量工作之一。距离测量方法很简单，相信你很快就会掌握

任务	自测标准		学习建议
认识全站仪距离测量的格式	☐	1. 是否通过屏幕信息，知道当前全站仪距离测量是哪种格式	1. 通过老师的演示、训练指导及相关素材进行学习 2. 通过自测标准逐条检测，直至熟练操作过关
	☐	2. 是否能够切换不同的距离测量格式	

	项目		细则		分数
全站仪距离观测	1. 对中整平 20 分	时间分	对中整平时间不超过 3 分钟，整个项目时间不超过 20 分钟	1 分钟以内 20 分，2 分钟以内 10 分 3 分钟以内 5 分，3 分钟以外 0 分 项目超时扣 5 分	
		质量分	对中整平无误不扣分	整平偏 2 格以内扣 5 分，偏 2 格以外扣 10 分；对中小圈外扣 5 分，对中小大圈外扣 10 分，对中看不到标志扣 10 分	
	2. 参数设置 20 分	设置加乘常数	能够找到设置的位置	完成操作 5 分	
		设置温度、气压、气象改正	能够按照当前测量环境正确输入相关数据	能够找到设置位置 2 分 能够正确设置数据 3 分	
		设置棱镜常数	能够按照当前测量环境正确输入相关数据	能够正确设置参数 5 分	
		设置测距模式	能够切换不用的测距模式	能够正确设置参数 5 分	
	3. 仪器操作 60 分	测距	对目标进行距离观测 2 测回，每测回观测 2~4 次 30 分	少一个测回扣 10 分 观测顺序不对扣 5 分 数据超限扣 5 分 其他操作步骤问题酌情扣分	
		数据计算	数据计算是否正确 20 分	数据计算错一处扣 3 分	
		记录	整洁，规范 10 分	仪器编号、仪器高、观测员等没填扣 2 分 用橡皮擦涂改一处扣 2 分 数字看不清一处扣 2 分	
				总计：	

小组成员：

（续）

二、学习笔记

1. 全站仪三种距离格式有什么关系？其中哪些数据是观测量，哪些数据是计算量？

2. 通过网络搜集资料，无棱镜观测时需要注意什么？

2.7.4 全站仪数据传输实施

一、学习任务

全站仪测量实施的数据基本都需要传输到计算机中进行绘图或其他计算应用,因此全站仪数据传输是全站仪测量技术中非常重要的一环,同学们需要认真学习,充分实践,熟练掌握

任务		自测标准	学习建议
数据传输	☐	1. 能说出数据传输需要的硬软件准备	1. 学习本教材及相关资源 2. 重点是数据传输步骤及数据传输失败时如何找到问题并解决问题 3. 两人一组互相检测,直至所有自测点均能进行熟练操作
	☐	2. 能够说出数据上传和数据下载的概念	
	☐	3. 能够清楚描述数据下载的操作步骤	
	☐	4. 能够正确完成数据的上传和下载	
	☐	5. 当数据传输失败,能够明确说出从哪些角度来检查并解决问题	
数据格式转换	☐	1. 分清 xls、csv、dat、txt 数据格式	1. 根据本教材相关资源和网络资源充分理解不同数据格式的特点 2. 两人一组互相检测,根据给定示例数据进行练习,直至所有自测点均能进行熟练操作
	☐	2. 能够说出 dat 数据格式的数据组织方式	
	☐	3. 能够进行 Excel 数据格式向 DAT 数据格式转换	
	☐	4. 能够进行 DAT 数据格式向 Excel 数据格式转换	

小组成员:

二、学习笔记

1. 在测量工作中 xls、dat、txt 数据格式各有什么特点?

2. 请写出全站仪的数据下载到计算机中的步骤。

学习笔记

2.7.5 全站仪数据管理实施

一、学习任务

我们通过全站仪进行测量的实施，最终目的是获取测量数据，因此测量数据的管理是我们学习的重要内容，一定要通过充分的实践，熟练掌握数据管理的相关技能

任务		自测标准	学习建议
文件管理	☐	1. 能够新建文件、并重命名	1. 学习教材及相关资源 2. 要重视实践的重要性，在全站仪上切换菜单，通过需掌握的技术点清单，体会现有全站仪各功能项页面和操作 3. 两人一组互相检测，直至所有自测点均能进行熟练操作
文件管理	☐	2. 能够设置当前工作文件	
文件管理	☐	3. 能够查阅内存中的文件列表，并能删除指定文件	
数据的管理	☐	1. 能够正确进入数据管理的界面	两人一组互相检测，直至所有自测点均能进行熟练操作
数据的管理	☐	2. 能够键入已知做坐标数据	
数据的管理	☐	3. 能够查阅测量数据，并能够在查阅界面完成添加、查阅、查找、删除功能	

小组成员：

二、学习笔记

1. 请记录下设置当前工作文件为"学号-姓名首字母"为名的工作文件的步骤。

2. 请写出输入坐标数据的两种路径。

学习笔记

学 习 笔 记

学习笔记

学 习 笔 记

学习笔记

学 习 笔 记

学习笔记

工作任务 3

全站仪的程序测量

任务目标

1）能够熟练说出全站仪程序测量的基本内容。
2）能够说出全站仪程序测量的基本原理和步骤。
3）能够使用全站仪进行程序测量，完成全站仪的检校、三维坐标测量、三维坐标放样、悬高测量、偏心测量、对边测量、后方交会测量、面积测量、道路测设等测量项目。

素质目标

1）培养认真负责、精益求精、严于律己、吃苦耐劳的精神。
2）培养谨慎谦虚、团结协作、主动配合的精神。
3）培养严格执行规范，保证成果质量，爱护仪器设备的意识。

任务成果

熟练操作全站仪完成典型测量工作项目。

工作训练 3.1

全站仪的检校

3.1.1 知识目标

1）能够说出全站仪检校的项目。
2）能够说出全站仪基本项目检验与校正的方法。
3）能够说出全站仪主要轴线应满足的几何条件。

3.1.2 能力目标

1）能够完成照准部水准管轴垂直于竖轴的检验与校正。
2）能够完成十字丝竖丝垂直于横轴的检验。
3）能够完成视准轴垂直于横轴的检验。
4）能够完成竖盘指标差的检验与校正。

3.1.3 训练内容

全站仪基本项目的检校与实施。

3.1.4 训练器具

1）国内主流品牌全站仪一台。
2）木质脚架一副。
3）3H 铅笔一支和全站仪检校记录表。

3.1.5 训练方法

配合本教材和线上习题，完成预习，老师进行演示，自主完成实操训练。

3.1.6 训练指导

1. 照准部水准管轴垂直于竖轴的检验与校正

（1）检验方法

先将仪器大致整平，转动照准部使水准管与任意两个脚螺旋连线平行，转动这两个脚螺旋使水准管气泡居中。将照准部旋转 180°，如气泡仍居中，说明条件满足；如气泡不居中，则需进行校正。为了仪器安全，此项只检验不校正。

（2）校正方法

1）转动与水准管平行的两个脚螺旋，使气泡向中心移动偏离值的一半。用校正针拨动水准管一端的上、下校正螺丝，使气泡居中。

2）此项检验和校正需反复进行，直至水准管旋转至任何位置时水准管气泡偏离居中位置不超过 1 格。

2. 十字丝竖丝垂直于横轴的检验

如图 3-1 所示，整平仪器，用十字丝竖丝上端照准一清晰点 P，固定照准部，使望远镜上下微动，若该点始终沿竖丝移动，说明十字丝竖丝垂直于横轴。否则，条件不满足，需进行校正。

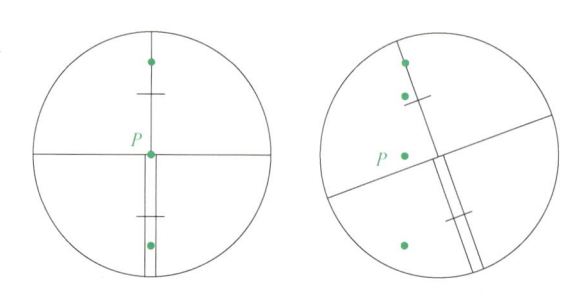

图 3-1 十字丝竖丝垂直于横轴的检验

3. 视准轴垂直于横轴的检验

整平仪器，选择与仪器同高的目标点 A，用盘左、盘右观测水平角。盘左读数为 L'、盘右读数为 R'，若 $2C = L' - (R' \pm 180°)$，若 $2C$ 在限差内，则视准轴垂直于横轴，否则需进行校正，限差见表 3-1。

表 3-1 视准轴误差以及横轴误差性能要求

项 目	仪器等级							
	I/(″)		II/(″)		III/(″)		IV/(″)	
	0.5	1.0	1.5	2.0	3.0	5.0	6.0	10.0
望远镜视准轴与横轴垂直度 C/(″)	6.0		8.0		10.0		16.0	

4. 竖盘指标差的检验与校正

1）选择平坦位置安置全站仪，并进行仪器的整平。

2）将望远镜置于盘左位置，瞄准与望远镜大致等高的目标点 A，读取天顶距 L。

3）倒转望远镜将其置于盘右位置，瞄准 A 点，读取天顶距 R。

4）计算竖盘指标差：$x = \frac{1}{2}[(L+R) - 360°]$，若 x 超出限制要求，则需要对仪器进行校正，限差见表 3-2。

表 3-2 竖盘指标差的限差

项 目	仪器等级							
	I/(″)		II/(″)		III/(″)		IV/(″)	
	0.5	1.0	1.5	2.0	3.0	5.0	6.0	10.0
竖盘指标差 I/(″)	12.0		16.0		20.0		30.0	

5. 注意事项

1）注意仪器安全，仪器和棱镜不能离人，不能坐仪器箱上。

2）观测记录填写要清楚，字迹要工整。

3）一组四人轮流观测，每人都有自己的观测记录。

4）每项检验后应立即填写全站仪检验与校正记录表中相应项目。

6. 上交资料

实训结束后将全站仪检验记录表以小组为单位装订成册并上交。

习题

学 习 笔 记

工作训练 3.2

全站仪三维坐标测量

3.2.1 知识目标

1）能够了解三维坐标测量的原理。
2）能够说出全站仪三维坐标测量的步骤。
3）能够说出全站仪三维坐标测量中哪些是观测数据，哪些是计算数据。

3.2.2 能力目标

1）能够设置当前工作文件。
2）能够正确操作三维坐标测量。
3）能够查阅观测获得的三维坐标数据。

3.2.3 训练内容

全站仪三维坐标测量。

3.2.4 训练器具

1）国内主流品牌全站仪一台。
2）单棱镜（大）两台。
3）木质脚架一副、对中杆两副。
4）3m 钢卷尺一个，3H 铅笔若干。

3.2.5 训练方法

配合本教材和微课视频、线上习题，完成预习，老师进行演示，自主完成实操训练。

3.2.6 训练指导

1. 依据科力达 KTS-440 全站仪设置当前工作文件

在记录数据之前，应选取记录数据的工作文件。全站仪中已建好 24 个工作文件可供选用，工作文件的名称为 JOB01、JOB02、……、JOB24。仪器在出厂时将 JOB01 选为当前工作文件，用户可以选取任何一个工作文件作为当前工作文件。

注意：如图 3-2 所示，在科力达全站仪中，新建一个文件，即是将一个空数据文件改名为自己想要的文件名。选择工作文件时即可选择这个已重新命名的新文件，这跟南方全站仪直接新建有所不同。进入"内存模式"下,选择"工作文件"进入工作文件的相关操作菜单中。进入"工作文件选择",此时会出来文件列表,通过方向键移动光标,到某指定文件,此时可通过下方"编辑"命令修改文件名,以此创建一个新文件供选择。光标移到相应的文件名后,按<ENT>键确定。此时会弹出"读取坐标工作文件"对话框,通过左右方向键更换文件,选择需要的坐标工作文件。

注意:科力达中工作文件和读取坐标工作文件是两个概念,工作文件是指测量的数据存放的文件,读取坐标工作文件是指存放已知坐标数据以供调用的文件。

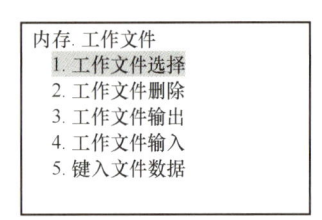

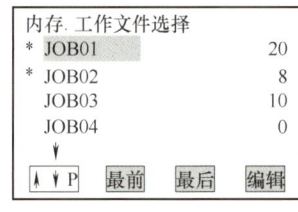

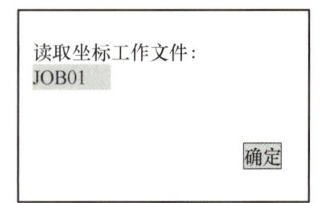

图 3-2 设置读取工作文件

2. 数据采集

坐标测量程序不论是什么型号的全站仪,流程都是一样的,分为三步:设站、后视、测量。设站是给定全站仪架设点即测站的三维坐标;后视是给定后视方位角,确定当前测量的坐标轴指向;测量是在此坐标系中测出目标点的三维坐标。

在此程序中,有些已知数据需要输入:测站坐标、仪器高、棱镜高、后视方位角或者后视点坐标。对于不同型号的仪器,学习的要点是这些已知数据应在哪里输入,流程如何。

科力达 KTS-440 为例说明数据采集的操作方法:

通过 FNC 键来切换当前菜单,如图 3-3 所示,子菜单页有三页。进入第二页"坐标"子菜单,或者按 菜单 进入程序菜单,选择"坐标测量"。如图 3-4 所示,按照流程在"设置测站"中输入测站坐标、仪器高和目标高,在"设置方位角"中设置后视方位角,然后选择 测量 观测目标点的三维坐标。方位角的输入根据屏幕的提示,如 90°30′45″,则应输入 90.30.45。全站仪型号不同,角度格式也可能不相同,可以通过仪器说明书来学习。仪器高和目标高用钢卷尺实测量取,保留小数点后三位。

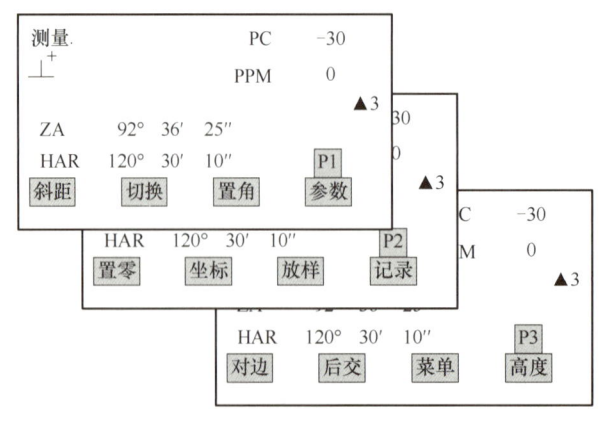

图 3-3 全站仪测量子菜单页

坐标测量 　1. 测量 　2. 设置测站 　3. 设置方位角	设置方位角 HAR： 后视	N0：　　　　　0.000 E0：　　　　　0.000 Z0：　　　　　0.000 仪器高：　　　0.000m 目标高：　　　0.000m 取值　记录　　　确定

图 3-4　设置后视方位角

3. 三维坐标测量的操作步骤

如图 3-5 所示，在 A 点架设仪器，在 B、C 两点架设棱镜。

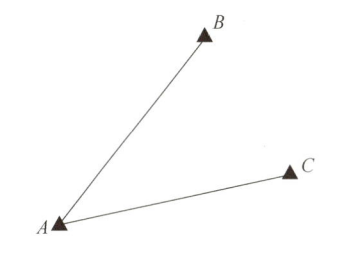

图 3-5　三维坐标测量实施示意图

全站仪的三维坐标测量

1）新建工作文件，文件命名"学号+姓名首字母缩写"。

2）在新建的工作文件中，现场输入测站坐标数据作为已知数据。数据实训现场给定。

3）选择此"学号+姓名首字母缩写"文件为工作文件。在科力达全站仪中读取坐标工作文件也选择同一文件。

4）进入数据采集模式（或坐标测量模式），首先设站，调用文件中的 A 点坐标数据为测站坐标。

5）后视定向，照准 B 点的后视棱镜，输入后视方位角（现场给定）或者调用后视点的坐标（提前输入的已知坐标）确定后视点的坐标方位角。

6）依次测量并记录 B 点和 C 点的坐标，点号命名：姓名首字母缩写-点号（例 L-B）。

4. 检核测量的正确性

1）搬站，仪器架设到 B 点，在 A、C 点上架设棱镜。

2）重新完成一次三维坐标测量步骤。此时以 B 点坐标设站，坐标取刚测量的并记录到工作文件中的 B 点坐标。

3）以 A 点坐标设后视定向。

4）照准 C 点并测量 C 点坐标，并按 记录 键保存到文件中。进入工作文件夹查看测量得到的两个坐标数据。两 C 点坐标如满足限差，则三维坐标测量操作步骤正确。

习题

学 习 笔 记

工作训练 3.3
全站仪三维坐标放样

3.3.1 知识目标

1）能够掌握三维坐标放样的原理。
2）能够说出全站仪进行施工放样的步骤。
3）能够说出全站仪进行施工放样中常见错误及解决办法。

3.3.2 能力目标

1）能够设置当前工作文件。
2）能够正确操作全站仪进行施工放样。
3）能够进一步熟练操作文件。

3.3.3 训练内容

全站仪放样指定三维坐标的点位。

3.3.4 训练器具

1）国内主流品牌全站仪一台。
2）单棱镜（大）两台。
3）木质脚架一副、对中杆两副。
4）3m 钢卷尺一个，3H 铅笔若干。

3.3.5 训练方法

配合本教材和微课视频、线上习题，完成预习，老师进行演示，自主完成实操训练。

3.3.6 训练指导

1. 放样数据准备

通过全站仪数据输入、输出功能，将测站数据及放样数据传入全站仪，以备放样过程中调用。本次实训提前在全站仪输入已知数据。

在内存模式下选取"1. 工作文件"后按<ENT>（或直接按数字键<1>）键，进入工作文件管理屏幕。必须在工作文件选择后进行键入文件数据，否则键入的数据不会存入指定的文件。进入"5. 键入文件数据"，如图 3-6 所示，依次键入已知坐标，并按 记录键记录。

```
内存.工作文件
 1. 工作文件选择
 2. 工作文件删除
 3. 工作文件输出
 4. 工作文件输入
 5. 键入文件数据
```

```
JOB01              20个
N:            0.000m
E:            0.000m ▲3
E:            0.000m
点名: 21
记录
```

全站仪的坐标放样

图 3-6　输入待放样数据

2. 进入全站仪放样模块

通常，全站仪放样模块分为三个步骤：设站、设后视、放样。根据仪器提示输入所需数据和应测数据：①设站：调用已知测站点坐标。②设后视：如有已知坐标的后视点则后视方向照准此后视点，并选择其坐标；如无已知点，后视方向通过固定测量标志来完成，输入后视方向数据即可。③放样：在现场用键盘输入或者调用已有待放样点位坐标。

在 菜单 模式下选取 "2. 放样" 也可以进行坐标放样。如图 3-7 所示，按照先设站、后视再放样的流程来进行放样操作。此处设置测站和设置方位角的过程与坐标采集的时候相同。

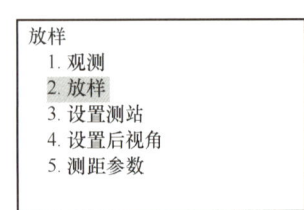

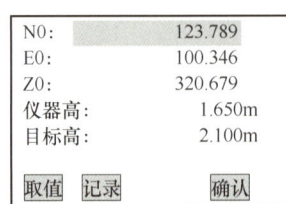

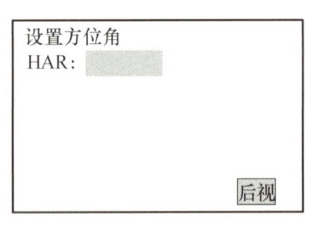

```
放样
 1. 观测
 2. 放样
 3. 设置测站
 4. 设置后视角
 5. 测距参数
```

```
N0:        123.789
E0:        100.346
Z0:        320.679
仪器高：      1.650m
目标高：      2.100m
取值   记录    确认
```

```
设置方位角
HAR:

                    后视
```

a) 放样页面　　　　b) 设置测站页面　　　　c) 设置后视角

图 3-7　坐标放样操作流程

测站和后视角设置好后，则进入 "2. 放样"，如图 3-8 所示。

选择放样值的界面中，可以直接输入 NEZ 坐标，也可以通过 "取值" 来选择工作文件中已经提前输入的坐标值。坐标确认无误后，按 确认 键。

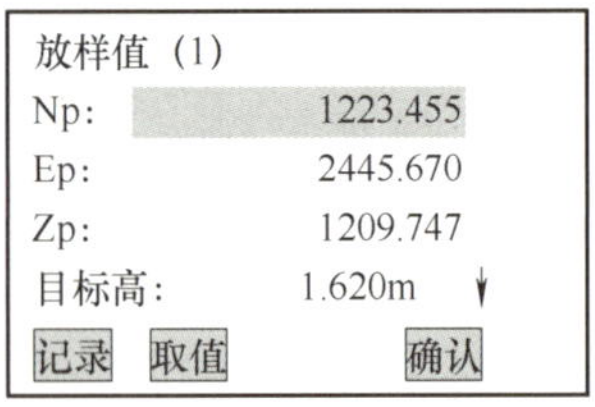

```
放样值 (1)
Np:        1223.455
Ep:        2445.670
Zp:        1209.747
目标高：      1.620m   ↓
记录   取值    确认
```

图 3-8　待放样点的三维坐标输入

3. 放样点位

放样给定目标点坐标，按照两步走：粗调和精调。

(1) 粗调

粗调可以快速定位到目标附近，节省放样时间。

1) 找方向：当放样点坐标输入完成后，全站仪界面提示当前观测点到地面的待定点之间的方向之差。首先水平旋转照准部，此时水平角方向差会随着照准部的旋转而变化，旋转使得界面上的方向差为零并水平制动。

2) 找距离：通过瞄准器指挥立尺员进入望远镜的视野中，当在望远镜中能看到棱镜时，可转动水平微动螺旋，照准棱镜中心并测距。此时屏幕上会出现当前棱镜和待定点之间的距离差，根据距离差的正负号来指挥立尺员前进或后退此距离差。放样测量的过程界面如图 3-9 所示。

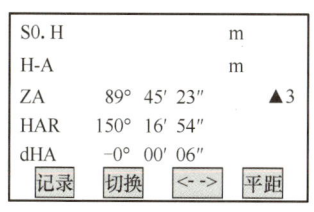

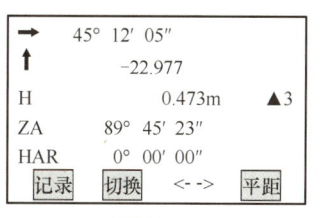

```
S0.H              m           →    45° 12′ 05″
H-A               m           ↑         -22.977
ZA    89° 45′ 23″   ▲3       H          0.473m   ▲3
HAR  150° 16′ 54″            ZA    89° 45′ 23″
dHA   -0° 00′ 06″            HAR   0°  00′ 00″
 记录  切换  <--> 平距          记录  切换  <--> 平距
   a) 放样界面                  b) 按 <--> 切换的界面
```

图 3-9 放样测量的过程界面

图中：S0.H：至待放样点的距离值差值；

dHA：至待放样点的水平角差值；

H：垂直方向上的距离差值；

←：从测站上看去，向左移动棱镜；

→：从测站上看去，向右移动棱镜。

（2）精调

反复粗调后，当距离差小于 1m 时，则要进入精调过程。精调的目标是使得距离差和方向差小于限差，确保望远镜水平方向制动，指挥立尺员移动到望远镜的中丝位置。上、下转动望远镜，照准棱镜中心并测距。通过仪器给出的距离差，指挥立尺员移动棱镜直到距离差达到限差，到达目标点位。

4. 定点

如图 3-10 所示，反复精调过后，当全站仪界面提示当前观测点到地面的待定点之间的方向之差，距离之差小于限差（保证方向之差小于 3″，距离之差小于 1cm）。则待定点确定，使用记号笔在棱镜对中位置处标记。然后回到放样界面，重新选择下一个放样点坐标进行放样。

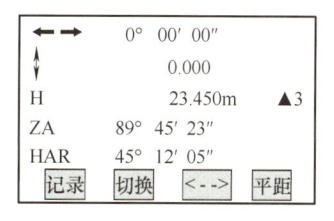

```
←→         0°  00′ 00″
↑↓              0.000
H             23.450m   ▲3
ZA       89° 45′ 23″
HAR      45° 12′ 05″
 记录  切换  <--> 平距
```

图 3-10 放样结果符合限差

5. 验证结果

实训给定的是一个特定图形的角点坐标，放样完成后，应用粉笔将放样出的各点连线，将图形画出，并量取各边距离，以此验证结果的正确性。

习题

学习笔记

工作训练 3.4
全站仪悬高测量

3.4.1 知识目标

1）能够了解悬高测量的原理。
2）能够熟练掌握两种悬高测量的方法和步骤。

3.4.2 能力目标

1）能够根据正确的步骤完成悬高测量。
2）能够解决悬高测量中常见的错误。

3.4.3 训练内容

全站仪测量中指定地物的悬高测量。

3.4.4 训练器具

1）国内主流品牌全站仪一台。
2）单棱镜（大）一台。
3）木质脚架一副、对中杆一副。
4）3m 钢卷尺一个，3H 铅笔若干。

3.4.5 训练方法

配合本教材和微课视频、线上习题，完成预习，老师进行演示，自主完成实操训练。

3.4.6 训练指导

1. 选择合适位置架设仪器

测量前，先观察被测目标，找到合适架设仪器及棱镜的位置。使用全站仪进行悬高观测时，仪器观测悬高时的垂直角不能过大，否则会观测不到。应选择一个开阔、与棱镜可通视的位置，且观测时与待测点的夹角小于 25°为宜。棱镜立于被测目标最高点的正上方或正下方。

2. 悬高测量步骤

（1）设置好高度

如图 3-11 所示悬高测量的原理示意图，仪器高和棱镜高是其中的必要数据。我们可以在测量模式下，进入第三页的"高度"的功能项，量取仪器高和棱镜高后，分别在界面中填入数据。

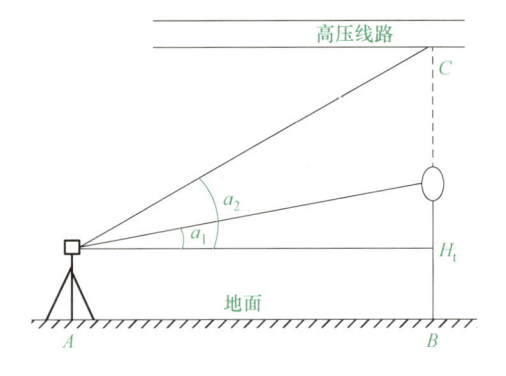

图 3-11　悬高测量示意图

全站仪悬高测量

（2）照准棱镜

在测量模式下，照准棱镜，观测斜距（此时距离模式可以是斜距、平距和高差）。

（3）观测悬高

进入全站仪程序测量模式下进入悬高测量，悬高所需数据和应测数据：①需输入棱镜高；②需测量棱镜到仪器之间的平距。此两种数据已在第一步和第二步得到。

上、下转动望远镜，此时保持水平制动。对准需测的物体顶部（即无法架设棱镜的地方），读取高度 H_t，此高度是棱镜所立地面位置到望远镜照准的地点之间的高度。此后，每隔 0.5s 仪器会重新显示一次测量值，如仪器的垂直角发生变化，则悬高就会发生变化，按 停止 键可以停止测量悬高，如图 3-12 所示。

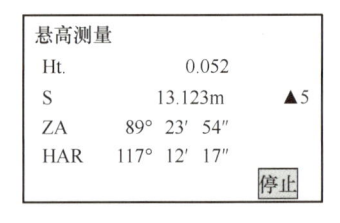

悬高测量	
Ht.	0.052
S	13.123m ▲5
ZA	89° 23′ 54″
HAR	117° 12′ 17″
	停止

图 3-12　悬高测量界面

习题

工作训练 3.5
全站仪偏心测量

3.5.1 知识目标

1）能够了解偏心测量的原理。
2）能够熟练掌握偏心测量的方法和步骤。
3）能够说出偏心测量的三种方法。

3.5.2 能力目标

能够根据正确的步骤完成单距偏心测量。

3.5.3 训练内容

全站仪测量中指定地物的偏心测量。

3.5.4 训练器具

1）国内主流品牌全站仪一台。
2）单棱镜（大）一台。
3）木质脚架一副、对中杆一副。
4）3m 钢卷尺一个，3H 铅笔若干。

3.5.5 训练方法

配合本教材和线上习题，完成预习，老师进行演示，自主完成实操训练。

3.5.6 训练指导

偏心测量用于测定测站至通视但无法设置棱镜的点或者测站至不通视点间的距离和角度。测量时，将棱镜（偏心点）设在待测点（目标点）附近，通过对测站至棱镜（偏心点）间距离和角度的测量，来定出测站至待测点（目标点）间的距离和角度。

1. 选择合适位置架设仪器

全站仪架设在已知点，棱镜架设在偏心点。

如图 3-13 所示，当偏心点设在目标点的左侧或者右侧时，应使偏心点和目标点的连线与偏心点和测站点的连线形成的夹角大约等于 90°。当偏心点在目标点的前侧或后侧时，应使偏心点在测站和目标点的连线上。

2. 设置测站

先进入全站仪程序测量模式，再进入偏心测量，选择"设置测站"，输入当前测站的三维坐标和仪器高。

3. 偏距观测

需要给定偏距、偏心方向，然后全站仪会根据测量得到距离和角度值计算出当前目标点坐标。

（1）偏距

如图 3-14 所示，进入单距偏心测量界面，照准棱镜中心，此时棱镜架设在偏心点上，按 观测 键，则全站仪至偏心点间的斜距、垂直角和水平角均可测得。通过钢尺可量取偏心点至目标点间距离，通过键盘输入到偏距行，偏距输入范围 ±9999.999m，输入单位：0.001m。

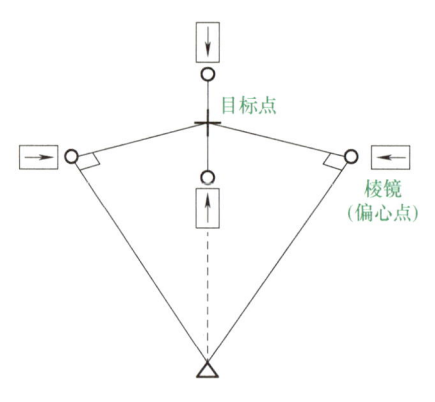

图 3-13 偏心测量示意图

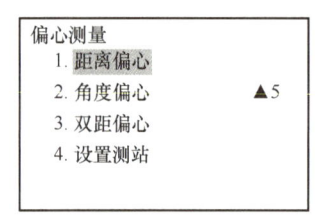

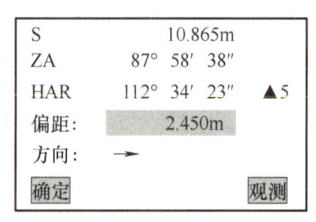

图 3-14 偏心测量界面

（2）偏向

根据棱镜在目标点的相对位置，设置偏心点的方向。可以用键盘上的方向键设置，▶代表目标点位于棱镜点的右侧，◀代表目标点位于棱镜点的左侧，▲代表目标点位于棱镜点的前侧，▼代表目标点位于棱镜点的后侧。设置完成后，按下 确定 键后会显示测量结果，如图 3-15a 所示。这些是全站仪观测的边、角等几何元素，它会换算出目标点的三维坐标，按 记录 键则会显示目标点的坐标并可存储，如图 3-15b 所示。注意标高的输入，否则会造成高程的数据错误。

至此，目标点的偏心测量完成。

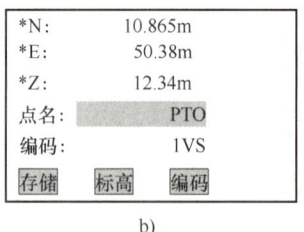

图 3-15 记录偏心测量结果

习题

工作训练 3.6 全站仪对边测量

3.6.1 知识目标

1)能够了解对边测量的原理。
2)能够熟练掌握对边测量的方法和步骤。

3.6.2 能力目标

能够根据正确的步骤完成对边测量。

3.6.3 训练内容

全站仪对边测量——测量两点间的距离。

3.6.4 训练器具

1)国内主流品牌全站仪一台。
2)单棱镜(大)两台。
3)木质脚架一副、对中杆一副。
4)3m 钢卷尺一个,3H 铅笔若干。

3.6.5 训练方法

配合本教材和微课视频,完成预习,老师进行演示,自主完成实操训练。

3.6.6 训练指导

全站仪对边测量是指用全站仪对两个或两个以上的点进行测量,并求出后一个点相对前一个点(或第一点)的距离、高差等值的测量方式。全站仪对边测量的实质是根据其测量得到的两个点的坐标进行反算,可得到两点间平距、斜距、垂距等几何要素。

1. 测量起始点

起始点是后续观测多点的基准。如图 3-16 所示,在对边测量中,后续观测的 B 点、C 点均是相对于 A 点计算斜距、垂距等,因此 A 点是起始点。

在地面上选取两点 A、B,用记号笔做好标记(草地上或松软土地可选择打木桩)。注意 A、B 两点与测站点间要通视良好,A、B 两点间距离 5m 以内,用钢尺量取 A、B 点间距离并记入表格(如观测点标志为木桩,则从桩顶测量标志开始量取),以作检核,如图 3-17a 所示。

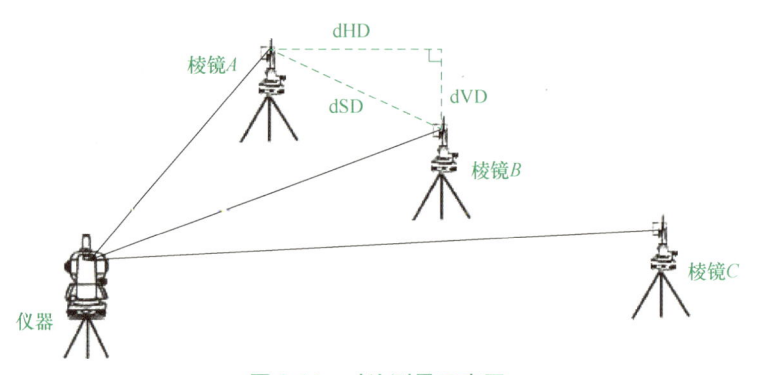

全站仪的对边测量

图 3-16 对边测量示意图

在测量模式下，棱镜架设在起始点 A 点，全站仪照准棱镜中心，测量斜距，测量结束后，观测结果会显示在屏幕上。

2. 对边测量

棱镜移到观测点 B，全站仪照准棱镜中心，进入测量模式第二页，按 对边 键，则开始进行对边测量。测量停止后，如图 3-17b 所示，显示对边测量结果：

S：起始点 A 与目标点 B 间的斜距；
H：起始点 A 与目标点 B 间的平距；
V：起始点 A 与目标点 B 间的高差；
S：测站点与目标点 B 间的斜距；
HAR：测站点与目标点 B 间的水平角。

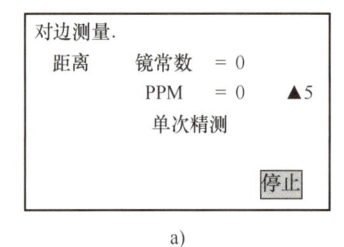

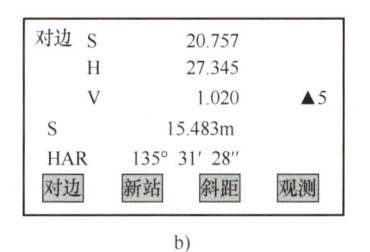

图 3-17 对边测量示意图

移动棱镜到点 C，按 对边 键测量 A 点到 C 点的斜距、垂距等几何要素。依此操作，可观测一系列点到 A 点的距离。

3. 显示两点间的坡度

在测量完成后，按 斜距 键，则可切换当前显示的 A、B 间斜距为 A、B 间坡度，此时，斜距 键已切换成 斜率 键。如想回到斜距的显示，则按 斜率 键即可。

4. 重启新的对边测量

当前对边测量均是相对于起始点 A 点，测出的是 AB、AC、AD 等的距离。如想切换起始点，则可按 ESC 键，结束当前对边测量。按照对边测量的步骤，重新开启下一轮的对边测量。

5. 注意事项

在从起始点 A 点开始观测时，请保持棱镜高不变，否则计算出的高差数据会有错误。

工作训练 3.7

全站仪后方交会测量

3.7.1 知识目标

1）能够理解后方交会测量的原理。
2）能够熟练掌握后方交会测量的方法和步骤。
3）能够理解危险圆的概念。

3.7.2 能力目标

1）能够根据正确的步骤完成后方交会测量。
2）选择合适的已知点，避免危险圆。

3.7.3 训练内容

能够通过全站程序测量之后方交会测量，得到当前测站的坐标。

3.7.4 训练器具

1）国内主流品牌全站仪一台。
2）单棱镜（大）两台。
3）木质脚架一副、对中杆两副。
4）3m 钢卷尺一个。

3.7.5 训练方法

配合本教材和微课视频、线上习题，完成预习，老师进行演示，自主完成实操训练。

3.7.6 训练指导

设定三个已知点坐标，自行选择仪器架设点（未知点），通过后方交会测量测出当前未知点的测站坐标。

1. 选择合适位置架设仪器

后方交会测量在数字测图中一般用于加密控制点，因此测站的选择需要考虑到测图的需要，如图 3-18 所示，后方交会需要观测至少已知控制点 2 个以上，因此所选点位必须保证与控制点通视。

选择合适的点位后，做好点位标记。注意当前选择测站点与待观测的已知点间要保持通视，同时要注意危险圆问题。在点位上架设好全站仪，进行对中整平，准备开始观测。

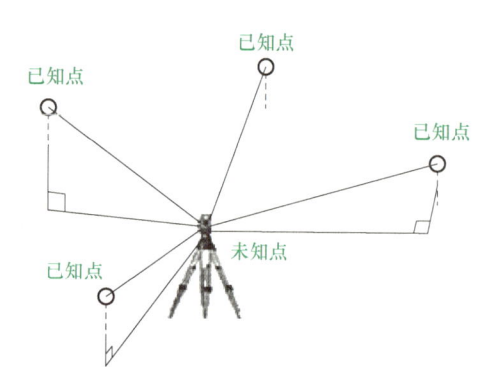

图 3-18　后方交会测量示意图

2. 进入全站仪程序测量模块中的后方交会

全站仪会提示依次输入要进行后方交会测量的控制点的坐标。如图 3-19a 所示，可以直接通过软键盘输入，也可通过取值从坐标文件中调用。坐标输入完成后，按 确定 键进入下一步，会出现图 3-19b 所示界面，根据提示，将所有待观测点坐标全输入完成。

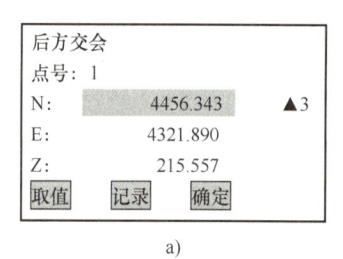

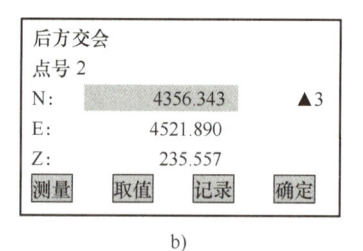

后方交会	后方交会
点号：1	点号 2
N: 4456.343 ▲3	N: 4356.343 ▲3
E: 4321.890	E: 4521.890
Z: 215.557	Z: 235.557
取值 记录 确定	测量 取值 记录 确定
a)	b)

图 3-19　后方交会测量界面

3. 观测

完成输入待测点坐标后，按 测量 键，进入观测步骤，屏幕界面如图 3-20a 所示。如按 测角 键则只进行角度测量，或者按 测距 键进行角度距离测量。当按 测距 键时显示图 3-20b 所示界面。若采用该测量结果，输入第 1 已知点的目标高后按 是 键。随之屏幕提示进入下一已知点的观测。如放弃该结果按 否 键。

其他待测点的观测与第一个待测点相同。当计算测站点坐标所需的最少观测值数量得到满足后，屏幕上将显示出 计算，如图 3-21a 所示。完成对全部已知点的测量后，按 是 键仪器将自动开始进行坐标计算。计算结果如图 3-21b 所示，可按 记录 键记录下当前测站点坐标，并记入观测簿。

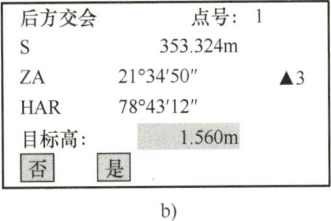

```
后方交会
请照准第1点
N:        4456.343        ▲3
E:        4321.890
Z:        215.557
[测角]            [测距]
```
a)

```
后方交会        点号: 1
S           353.324m
ZA          21°34′50″     ▲3
HAR         78°43′12″
目标高:       1.560m
[否]    [是]
```
b)

图 3-20　后方交会中观测各待测点

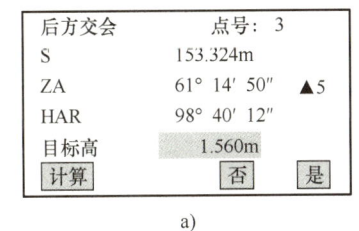

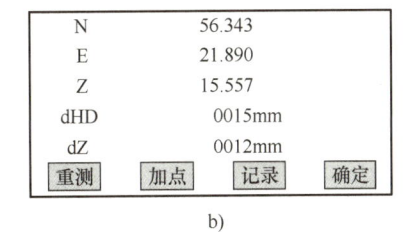

```
后方交会        点号: 3
S           153.324m
ZA          61°14′50″     ▲5
HAR         98°40′12″
目标高        1.560m
[计算]        [否]    [是]
```
a)

```
N           56.343
E           21.890
Z           15.557
dHD         0015mm
dZ          0012mm
[重测]  [加点]  [记录]  [确定]
```
b)

图 3-21　后方交会测量结果

习题

工作任务 3　全站仪的程序测量　97

学 习 笔 记

工作依据 3.8
相关知识点清单

知识点 3.8.1 全站仪的检验原理

全站仪是一种集光、机、电于一体的精密测量仪器。为保证观测数据的质量，不同规格的全站仪，其仪器结构、光路和电器参数均应满足相应的精度指标。使用中的全站仪需要经常进行检验，以便于使用者掌握仪器工作状态，从而保证观测数据的质量。全站仪的检验分为自检和送检两类。自检是使用者为了了解、掌握和调整仪器工作性能、状态而自行进行的检验。根据《测绘生产质量管理规定》，用于测绘生产的仪器必须经有专门资质的检验部门检验合格，且应在合格证有效期范围内。所以，测绘生产使用的全站仪必须定期送检。

参照全站仪送检内容，全站仪的主要检验项目有水准器的检校，照准部旋转正确性的检验，视准轴误差、水平轴误差的检定，垂直度盘指标差的检校，补偿性能的检验，测距轴与视准轴重合性的检验，加常数、乘常数的检定，测距准确度的检定等。大多数检验项目需专门资质的检验部门来检验，此处就测量人员可以自主检验和调校的项目，讲解其原理和调校方法。

1. 水准器的检校

全站仪的一个重要功能是精密测角，在使用之前必须对其进行检验，查看是否满足测角仪器的基本要求，若不满足，则必须进行校正，使之满足这些基本要求。从测角原理可知，测角时仪器水平度盘必须居于水平位置。水平度盘是否水平，是借助水准管气泡居中来实现的。水准管气泡居中则水准管轴水平，水准管轴水平则仪器竖轴与铅垂线一致，仪器竖轴与铅垂线一致则水平度盘水平。其中，水平度盘垂直于竖轴是由仪器生产厂家保证的。所以，要满足这一系列的几何关系，最关键的是水准管轴必须垂直于仪器的竖轴。

水准器的检校分圆水准器的检校和管水准器的检校。

（1）圆水准器的检校

检校的原理：圆水准器轴是指水准器圆球面中点与球心的连线，仪器竖轴是仪器照准部的旋转轴，垂直穿过水平度盘的几何中心。若圆水准器轴在空间平行于仪器竖轴，当气泡居中（此时意味着圆水准器轴竖直）时，竖轴就竖直了，与竖轴垂直的水平度盘也就水平了。

若圆水准器轴不平行于仪器竖轴，当气泡居中（此时圆水准器轴竖直）时，竖轴却倾斜了。如图 3-22 所示，VV 为仪器的旋转轴（竖轴），$L'L'$ 为仪器的圆水准器轴，假设它们有一交角 δ，那么当气泡居中时，圆水准器轴竖直，则仪器的旋转轴 VV 与铅垂位置

有偏差角 δ，如图 3-22a 所示。将仪器照准部绕竖轴旋转 180°，如图 3-22b 所示，由于仪器旋转时是以 VV 为旋转轴，即 VV 的空间位置是不动的，仪器旋转之后，圆水准器中的液体受重力作用，气泡仍将处于最高处。

由图 3-22b 可看出圆水准器轴与铅垂线之间的夹角为 2δ，这时，圆水准器泡已不再居中，而是偏歪到了另一边，气泡中心偏移的弧长所对应的圆心角即等于 2δ。这说明，在任一位置整平圆水准器，照准部旋转 180°后，气泡的偏移量反映了圆水准器轴与竖轴的不平行性（偏角的 2 倍）。可以通过脚螺旋调整气泡回到刚才偏离值的一半，如图 3-22c 所示，然后再通过脚螺旋下的校正螺旋将气泡调回圆水准器中心，此时圆水准器轴就平行于仪器竖轴了，如图 3-22d 所示。

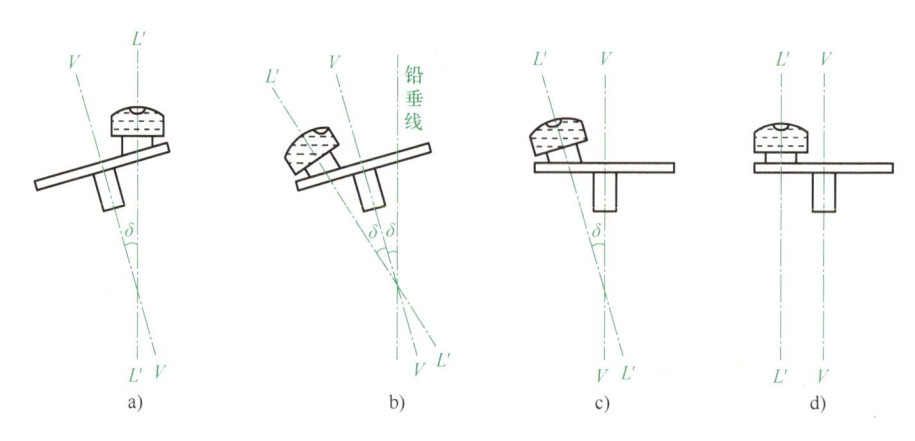

图 3-22 圆水准器检校的原理和目的

检校的方法：

1）将全站仪安置于脚架上，调整脚螺旋使圆水准气泡居中，如图 3-23a 所示。

2）气泡居中后再将照准部绕竖轴旋转 180°，如果圆水准器轴不平行于竖轴，则气泡会偏离分划圈的中心位置，如图 3-23b 所示，偏离角为 2δ。

3）用脚螺旋调整仪器，使气泡退回偏离值的一半，如图 3-23c 所示，这时竖轴就竖直了，再用校正针调整圆水准器的校正螺旋，使气泡再退回偏离值的另一半，如图 3-23d 所示，此时水准器气泡居中了，竖轴也竖直了，从而达到圆水准器轴平行于竖轴。

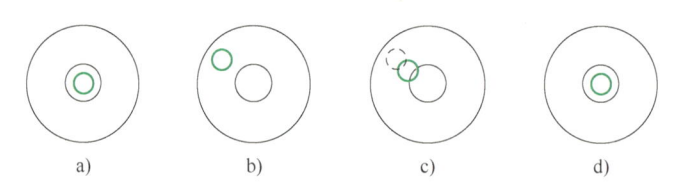

图 3-23 圆水准器的检校

4）本项检校工作需反复进行，直到符合要求为止。特别是当偏离角 2δ 过大时，照准部旋转 180°后，气泡受限于水准器壁，无法自由偏移，看起来的偏移距离远小于实际偏移的距离，故此时不应该按表面偏移的距离来计数，而应估计调整，待调整到偏角较小，气泡能够自由偏移时，再按各调整一半的原则操作。

(2) 管水准器的检校

检校的原理：管水准气泡检校的原理同圆水准气泡。水准管轴是指过水准管零点的切线，竖轴是仪器的旋转轴。若水准管轴不垂直于仪器竖轴，当气泡居中（此时水准管轴处于水平）时，竖轴却倾斜了，其倾斜角即是水准管轴与水平度盘面的夹角（设为 α），如图 3-24a 所示。将全站仪照准部绕竖轴旋转 180°时，竖轴的空间位置没有改变，仍倾斜 α，但水准管的高低两端却易位了，水准管中心偏离了 $2e$（即此时的水准管轴与水平面的夹角为 2α），如图 3-24b 所示，其中一个 e 是竖轴倾斜引起，另一个 e 是水准管轴和水平度盘面的夹角。所以当气泡居中后再将照准部绕竖轴旋转 180°时，气泡的法线方向偏离竖直面的夹角为 2α。

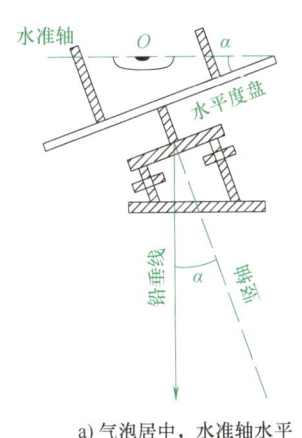

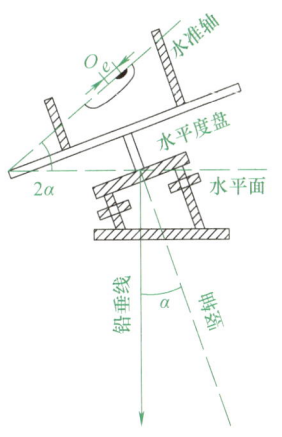

a) 气泡居中，水准轴水平　　　　b) 旋转照准部180°，气泡偏差为 e

图 3-24　管水准器的校正原理

检校的方法：

1）将全站仪安置于三脚架上，粗略整平。

2）如图 3-25a 所示，将水准管平行于任意两个脚螺旋 A 和 B，调整脚螺旋 A 和 B，使管水准气泡居中。然后转动照准部 180°，若气泡仍居中，则符合要求，否则须校正。

3）如图 3-25b 所示，转动水准管的校正螺旋，使气泡移动总偏移量的一半 e，再调整脚螺旋，使气泡居中。

4）当偏离角 α 过大，转 180°后，气泡受限于水准管壁，无法自由偏移，偏移格数远小于实际偏移的格数，故此时不应该按表面偏移的格数来计数，而应估计调整，待调整到 α 角较小，气泡能够自由偏移时再按各调整一半的原则操作。

5）本项校正工作需反复进行，直到符合要求为止。

2. 照准部旋转正确性的检验

全站仪照准部旋转正确性的检验是全站仪的常规计量检定项目。全站仪的照准部围绕竖轴旋转时，固定在基座上的水平度盘应保持不动。但是也有的时候，因为水平度盘空隙带动误差或弹性带动误差，在仪器旋转时，水平度盘被轻微带动。全站仪在使用过程中若存在这种带动误差，将显著影响观测数据的质量。有的全站仪自带有垂直轴稳定性测试程序，有的全站仪没有这种测试程序。以下分两种情况说明全站仪照准部旋转正确性检验的方法。

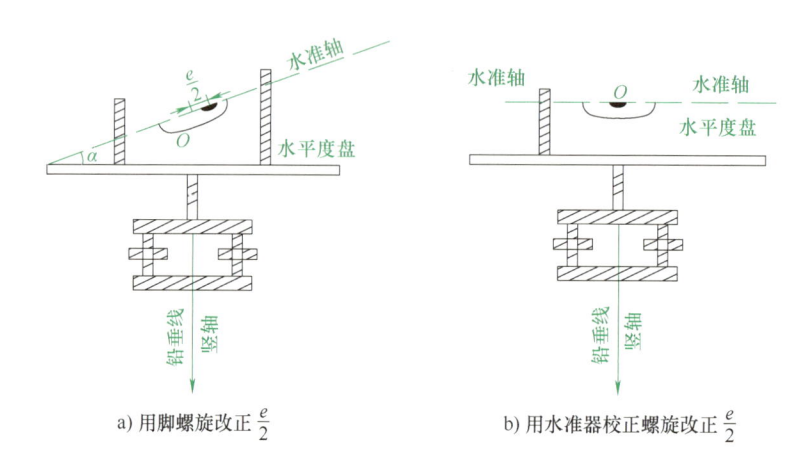

a) 用脚螺旋改正 $\dfrac{e}{2}$ b) 用水准器校正螺旋改正 $\dfrac{e}{2}$

图 3-25　管水准器校正过程

（1）无测试垂直轴稳定性程序的全站仪照准部旋转正确性的检验

在全站仪机内没有测试垂直轴稳定性程序的全站仪，其检验方法和技术要求与光学经纬仪相同。参见《全站型电子测速仪检定规程》（JJG 100—2003），通过长气泡法来进行找准不旋转正确性的检验，检验的结果应符合表 3-3 要求。

表 3-3　照准部旋转正确性性能要求

项目	仪器等级							
	Ⅰ/(″)		Ⅱ/(″)		Ⅲ/(″)		Ⅳ/(″)	
	0.5	1.0	1.5	2.0	3.0	5.0	6.0	10.0
照准部旋转正确性	电子气泡 10.0″	长气泡 0.3 格	电子气泡 20.0″	长气泡 1.0 格	电子气泡 30.0″	长气泡 1.5 格	电子气泡 30.0″	长气泡 3.0 格

检定步骤：

1）仪器安置与稳定在观测墩或者脚架上，精确整平后转动照准部数周，读取照准部上的管水准气泡两端读数。

2）顺时针方向旋转照准部，每隔 45°读取水准气泡一次，顺时针方向进行三周检定。

3）逆时针方向旋转照准部，每隔 45°读取水准气泡一次，逆时针方向也进行三周检定。

4）取每一周中对径位置读数的平均值，取六周检定中最大值与最小值之差为检验照准部旋转正确性的指标。

（2）有测试垂直轴稳定性程序的全站仪照准部旋转正确性检验

有测试垂直轴稳定性测试指令程序的全站仪具有电子气泡，可从显示屏直接读取竖轴的倾斜量。当照准部旋转时，能从显示出的竖轴倾斜量的变化幅度判别其照准部旋转的正确性。

检定步骤：

1）仪器安置与稳定在观测墩或者脚架上，精确整平后转动照准部数周。

2）输入测试指令，记录显示屏上显示的 0 位置时竖轴的倾斜量（带符号）。

3）顺时针旋转照准部，每次变动 45°位置时，在其对径位置上分别读取并记录显示的垂直倾斜值，连续顺时针旋转二周。

4）在逆时针旋转照准部，同样方法记录每变动 45°时的读数，逆时针旋转二周。

5）计算照准部对应 180°时两读数之和，其值在同一测回中互差应小于 4″；而整个过程中，各次读数的最大变动应小于表 3-3 中的要求。

3. 垂直度盘指标差的检校

垂直角是仪器到目标的视准线与其相应的水平面之间的夹角，当视准线水平时，如仪器已经进行精平，且三轴的几何关系也进行了校正，则垂直度盘读数应为 90°。实际上，由于垂直度盘系统中各部件的关系不正确，其读数通常与 90°有一差值，如图 3-26a 中的角度 i，这一差值即为垂直度盘指标差，也叫竖盘指标差，它会使得垂直角的读数带来影响。

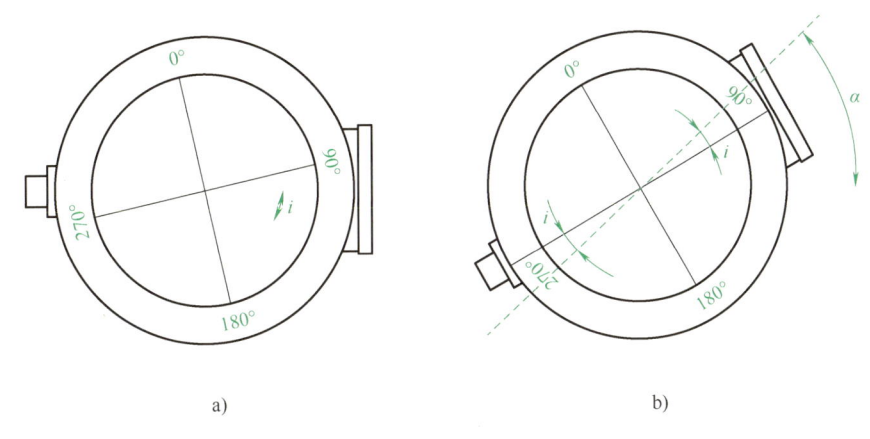

图 3-26 竖盘指标差的影响

表 3-4 中列出了不同等级的全站仪的竖盘指标差的限差。

表 3-4 竖盘指标差的限差

项　目	仪器等级						
	Ⅰ/(″)		Ⅱ/(″)		Ⅲ/(″)		Ⅳ/(″)
	0.5	1.0	1.5	2.0	3.0	5.0	6.0	10.0
竖盘指标差 i/(″)	12.0		16.0		20.0		30.0

（1）竖盘指标差的计算公式

如图 3-26b 所示，当存在指标差 i 时，观测某点的垂直角为 α，对于常见的竖盘分划，盘左位置的正确垂直角值为：

$$\alpha = 90° - L + i \tag{3-1}$$

其中：L 为盘左垂直角观测值。

盘右位置的正确垂直角值为：

$$\alpha = 90° - R + i \tag{3-2}$$

其中：R 为盘右垂直角观测值。

根据式（3-1）和式（3-2）有竖盘指标差的计算公式：

$$\alpha = \frac{1}{2}(R-L-180°) \tag{3-3}$$

$$i = \frac{1}{2}(L+R-360°) \tag{3-4}$$

由式（3-4）可看出，指标差本身的大小并不影响观测值的结果，它可以通过盘左、盘右观测值取平均得以消除，但是指标差过大时计算不方便，故当指标差大于限差时应对仪器进行校正。

注意：现代的全站仪都具有补偿器，当仪器整平不完善的时候，将仪器的竖轴补偿到铅垂线位置。如果补偿器没开，那么仪器的竖轴不完全与铅垂线重合时，也会产生指标差，所以在鉴定竖盘指标差时，要将补偿器处于开的状态，否则测出的指标差不正确。

（2）竖盘指标差的校正

全站仪一般都带有竖盘指标差校正功能，通过专门的测定程序计算出竖盘指标差并存储，及时对天顶距的观测结果进行修正。

具体的校正步骤：

1）安置好仪器并精平，开机启动仪器的指标差校正程序。

2）按照仪器提示，用盘左照准与仪器同高的平行光管，按 确认 键。

3）按仪器提示，转到盘右，照准平行光管，按 确认 键。

4）仪器会显示新测定的指标差和原有指标差，若要存入新值，则按 确认 键，若按 退出 键则保留上一次指标差。

有些全站仪新测定的指标差是相对于前一次的值，其绝对量的大小未知，获得的指标差的数值一般较小，需要用户仔细读操作手册来判断是属于哪种情况。

知识点 3.8.2　三维坐标测量原理

坐标测量是测量工作的一项重要内容，常用于地面数字测图、土地权属测量、房产测量等。全站仪三维坐标测量并不是直接测定目标点的三维坐标，实际上是通过观测水平角、垂直角以及斜距，计算得到目标点的三维坐标。

如图 3-27 所示，O 点为已知控制点，A 点为未知点，O' 点和 A' 点分别是 O 点和 A 点在水平面上的投影。全站仪以 O 点为测站观测 A 点时，可以观测出 A 点的坐标方位角（即图中的 δ），以及 A 点的天顶距（即图中的 α），还可以观测出 OA 点间的斜距（即图中的 r）。

通过直角三角形的正弦、余弦定理，得

$$SO'A' = r\sin\alpha \tag{3-5}$$

则 A 点与 O 点在三个坐标轴方向的坐标差分别为：

$$\left.\begin{array}{l} \Delta Z = r\cos\alpha \\ \Delta X = r\sin\alpha\cos\delta \\ \Delta Y = r\sin\alpha\sin\delta \end{array}\right\} \tag{3-6}$$

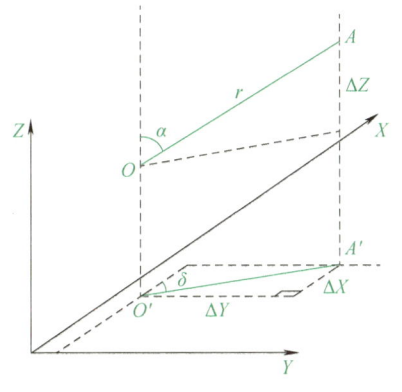

图 3-27 三维坐标测量原理示意图

同时 O 点为已知控制点，三维坐标已知，则未知点 A 的坐标可以由公式（3-7）推算出来：

$$\left.\begin{aligned} X_A &= X_O + \Delta X \\ Y_A &= Y_O + \Delta Y \\ Z_A &= Z_O + \Delta Z \end{aligned}\right\} \quad (3\text{-}7)$$

O、A 两点直接是以地面点标志为中心进行推算，实际观测时，我们还需要考虑到仪器高和棱镜高，设仪器高为 i，棱镜高为 v，则公式为：

$$\left.\begin{aligned} X_A &= X_O + \Delta X \\ Y_A &= Y_O + \Delta Y \\ Z_A &= Z_O + \Delta Z + i - v \end{aligned}\right\} \quad (3\text{-}8)$$

通过对于原理的分析得知，若要得到未知点 A 的三维坐标，需要已知控制点坐标、OA 方向的坐标方位角、天顶距和斜距，以及仪器高和棱镜高。所以全站仪进行三维坐标测量时一般都是分三步：设站、定向、观测。这三步分别输入了哪些已知量，观测了哪些已知量分析一下可知：

1）设站：输入测站点（O 点）的三维坐标、仪器高和棱镜高。
2）定向：输入后视点坐标方位角，确定当前全站仪观测坐标系的轴系指向，为观测目标点 A 的坐标方位奠定基础。此步骤也可以通过输入后视点三维坐标来完成，全站仪会自动进行坐标反算得到后视点坐标方位角，并以此数据设置后视方向。
3）观测：观测 OA 方向的坐标方位角、天顶距和斜距。

至此，公式（3-8）所需的所有量均已求得，全站仪会计算出 A 点三维坐标并显示到屏幕上。

知识点 3.8.3 三维坐标放样原理

放样测量就是根据已有的控制点，按工程设计要求，将建（构）筑物的特征点在实地标定出来。工程建（构）筑物的特征点就是放样点。坐标测量工作一般是将实地上的特征点测绘到图纸上，放样测量则是将图纸上的特征点测设到实地上。因此，可以说放样测量是坐标测量工作的逆过程。放样测量通常又称为测设，是工程施工部门主要的测量工作。

三维坐标放样的原理是比较当前棱镜与放样目标点位间位置差，并不断调整棱镜点位置，直至棱镜与放样目标点位间位置差满足精度要求。全站仪平面位置放样测量可以采用直角坐标法放样，也可以采用极坐标法放样。因极坐标法放样更直观，测量工作中使用更多。

通过图 3-28 可知，测站 O 和放样点 B 的三维坐标已知，则 OB 点间的斜距 r_{OB} 和坐标方位角 δ_{OB} 可通过计算得到。全站仪观测棱镜 A 时，能测到 OA 点间的斜距 r_{OA} 和坐标方位角 δ_{OA}，则我们能够计算出：

$$\left.\begin{array}{l}\Delta r = r_{OB} - r_{OA} \\ \Delta \delta = \delta_{OB} - \delta_{OA}\end{array}\right\} \tag{3-9}$$

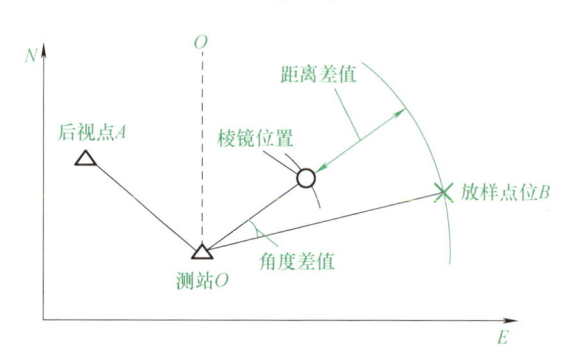

图 3-28　全站仪放样测量

棱镜根据角度差值和距离差值移动，直至棱镜 A 与放样点 B 的角度差值和距离差值符合精度要求。放样测量是一个逐渐趋近的过程。当仪器显示的差值满足放样角度要求时，棱镜点位就是放样点位。此时，棱镜的高程同时测出，全站仪屏幕显示与目标高程间的高程差。一般来说在测量工作中，全站仪三维坐标功能放样仅用于平面位置放样测量。放样结束后，通常应对放样点进行测量并记录，以检核放样测量是否正确。

知识点 3.8.4　悬高测量原理

在实际工作中，我们需要观测高压输电线、桥梁等目标的高度，而这些目标无法将棱镜放到待测点上。全站仪的悬高测量功能可将棱镜放在目标点正上方或者正下方地面的投影点上，通过悬高观测来进行目标的高度测量。

如图 3-29 所示，设测站为 A，T 为某目标点，在其地面投影点 B 上安置反光棱镜 P，并量取棱镜高 h_1。瞄准棱镜中心，测定斜距 S 及天顶距 Z_p。瞄准目标点 B，测定天顶距 Z_r。则 T 点距离地面的高度为：

$$H_T = h_1 + h_2 \tag{3-10}$$

$$h_2 = S \cdot \sin Z_p / \tan Z_B - S\cos Z_p \tag{3-11}$$

由此可见，悬高测量的原理很简单，观测起来也很便捷。利用全站仪提供的该项功能，可方便地用于测定悬空线路、桥梁以及高大建筑物、构筑物的高度。

值得注意的是，要想利用悬高测量功能测出目标点的正确高度，必须将反射棱镜恰好安置在被测目标点的天底，否则测出的结果将是不正确的。

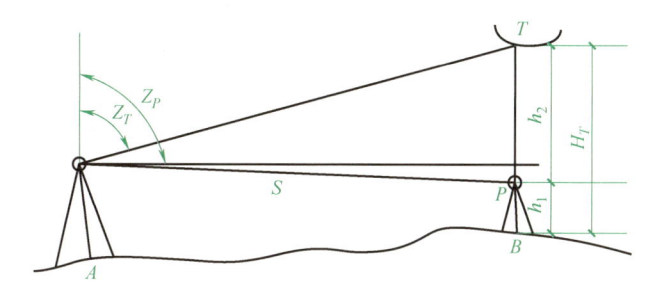

图 3-29　全站仪悬高测量示意图

知识点 3.8.5　偏心测量原理

偏心测量用于测定测站至通视但无法设置棱镜的点或者测站至不通视点间的距离和角度，解算出目标点的三维坐标。测量时，将棱镜（偏心点）设在待测点（目标点）附近，通过对测站至棱镜（偏心点）间距离和角度的测量，来定出测站至待测点（目标点）间的距离和角度。在偏心测量中，仪器照准的棱镜点是一个辅助点（偏心点），仪器记录的不是辅助点，而是实际的目标点。因为棱镜一般不是立在目标点上，所以称为偏心测量。

全站仪偏心测量一般分为角度偏心测量和距离偏心测量，距离偏心测量分为单距偏心测量和双距偏心测量。

1. 角度偏心测量

角度偏心测量如图 3-30 所示，全站仪安置在某一已知点 A，并照准另一已知点 B 进行定向；然后将偏心点 C（棱镜）设置在待定点 P 的右侧（或左侧），并使其到测站点 A 的距离与待测点 P 到测站点的距离相等，且两者目标高相同；接着对偏心点 C 进行测量，最后再照准待测点方向 P，仪器会自动显示待测点坐标。其计算公式如下：

$$x_p = x_A + S\cos\alpha\cos(T_{AB}+\beta)$$
$$y_p = y_A + S\cos\alpha\sin(T_{AB}+\beta)$$

式中，S 和 α 分别为测站点 A 到偏心点 C（棱镜）的斜距和竖直角；x_A、y_A 为已知点 A 的坐标；T_{AB} 为已知边的坐标方位角；β 为 AP 与 AB 的水平夹角，当未知边 AP 在已知点 AB 的右侧时，上式取"$-\beta$"。

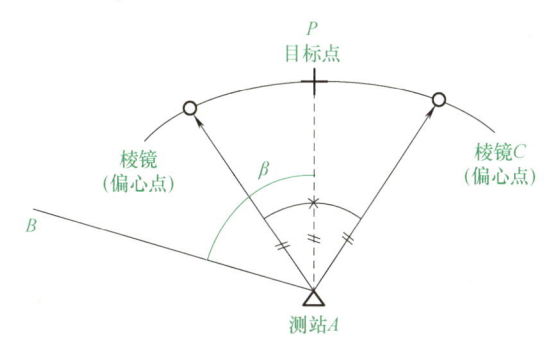

图 3-30　角度偏心测量示意图

2. 单距偏心测量

单距偏心测量用于不通视的隐蔽点的测量。偏心点可以选择在以测站点至目标点为直径的圆周上，或者说偏心点至测站点应与偏心点至目标点成直角；也可以选择在该直径及其延长线上。单距偏心测量只观测偏心点，但需要输入偏心距。偏心距是指偏心点至目标点的距离。偏心点位置选择误差较大时，会影响目标点的测量精度。单距偏心测量偏心点在直径及其延长线上选择比较容易实现，但在以测站点至目标点为直径的圆周上选择时，不易准确把握。

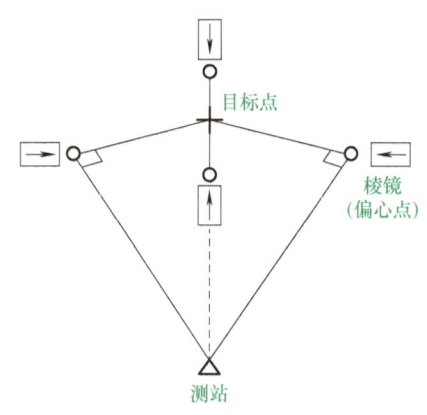

图 3-31 单距偏心测量示意图

如图 3-31 所示，单距偏心测量应将偏心点（棱镜）设在目标点的左侧或右侧，或者前侧或后侧。

当偏心点设在目标点的前侧或后侧时，应使之位于测站点与目标点的连线上。通过分析三维坐标测量的原理可知，全站仪是通过观测测站点到目标点间的坐标方位角、天顶距和斜距来完成目标点三维坐标的计算。目标点位于测站与偏心点的延长线上，因此观测偏心点的坐标方位角即可当作目标点的坐标方位角，同时量取偏心点到目标点距离输入到全站仪中，则测站到目标点间的斜距可通过两端距离相加得到。高程则默认偏心点和目标点同高。至此，计算目标点的几个核心要素已知，则可计算目标点的三维坐标。

当偏心点设在目标点的左侧或右侧时，应使偏心点和目标点的连线与偏心点和测站点的连线间的夹角大致为 90°，这时测站点、偏心点和目标点形成一个直角三角形。通过观测测站到棱镜间距离以及量取棱镜到目标点的距离，解算直角三角形，得到目标点的坐标。

3. 双距偏心测量

双距离偏心测量需要在过目标点的直线上设置两个偏心点（图 3-32 中的棱镜 1 和棱镜 2），通过对两个偏心点的测量，方便有效地测定出隐藏点的点位。如图 3-32 所示，将全站仪安置在某一已知点 A，并找准待测点 P（无须正交），分别测量 D 和 C，量测并输入偏心点 C 到目标点 P 间的距离 g，仪器便可计算出并显示出待测点 P 的坐标。

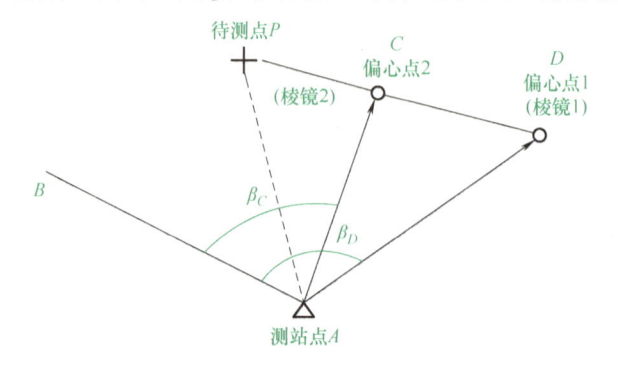

图 3-32 双距偏心测量示意图

偏心测量有多种方式，通过测量的原理和公式来看，偏心测量通过观测偏心点来推算目标点坐标，其中偏心距和偏心角的观测都包含较大误差，因此偏心观测仅能用于观测精度不高的测量工作中。

知识点 3.8.6 对边测量原理

全站仪对边测量可用于施工测量中的核样测量，检验建筑物基础和各个长度是否按规划设计施工，也可用于横断面测量一站观测多个横断面的特征点。

全站仪对边测量是指通过对两目标点的坐标测量实时计算并显示两点间的相对量，如斜距、平距和高差，如图 3-33 所示。对边测量可以连续进行，连续的对边测量有两种模式可选：显示连续观测点均相当于第一点的相对量（射线式）；显示连续观测点均相当于前一点的相对量（折线式）。对边测量在不搬动仪器的情况下直接测量多个目标点相对于某一起始点间的斜距、平距和高差，为某类工程测量提供了方便，例如，线路横断面测量。

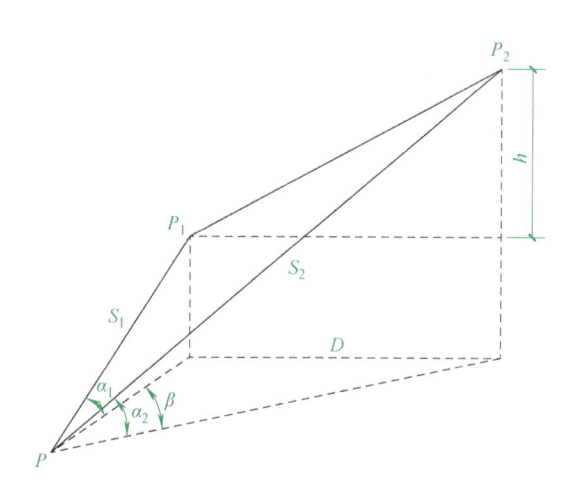

图 3-33 对边测量原理

如图 3-33 所示，P_1，P_2 为远处两点，为测定其水平距离和高差，可在 P_1，P_2 通视的任意点 P 安置全站仪，测至两点的斜距 S_1、S_2，竖直角 α_1、α_2，以及 PP_1 与 PP_2 的水平夹角 β，然后根据余弦定理求得：

$$D = \sqrt{S_1^2\cos^2\alpha_1 + S_2^2\cos^2\alpha_2 - 2S_1S_2\cos\alpha_1\cos\alpha_2\cos\beta} \qquad (3\text{-}12)$$

根据几何关系求得：

$$h = S_2\sin\alpha_2 - S_1\sin\alpha_1 \qquad (3\text{-}13)$$

实际上，全站仪显示屏显示出来的平距和高差就是利用自身的内存和计算功能按式（3-12）和式（3-13）计算出来的。由此可见对边测量的原理简单，观测方便，特别是在 P_1、P_2 不通视的情况下更显出其优越性。

这里需指出的是按式（3-13）计算出的高差，即全站仪上显示出的高差并不一定就是地面点 P_1、P_2 两点的高差，而是 P_1、P_2 点反光镜中心的高差。

P_1、P_2 两点的实际高差 h_{12} 为：

$$h_{12}=h+v_1-v_2 \tag{3-14}$$

式中，v_1、v_2 分别为 P_1、P_2 点的棱镜高。显然，仅当 $v_1=v_2$ 时，式（3-14）才与式（3-13）等价。因此，在实际工作中，应尽量使两棱镜高相等，以减小计算量。否则，要加入改正数（v_1-v_2）。

知识点 3.8.7 > 后方交会测量原理

后方交会是在平面上进行的，即通过观测三个已知点的方向值来解算未知点的平面坐标。测量工作中常用后方交会法进行自由设站。

根据图 3-34 所示，仪器架设在图形中心点 P（未知点），A、B、C 三点为已知点，并分散在 P 点四周。设 T_{PA}、T_{PB}、T_{PC} 为 A、B、C 三点的坐标方位角，则 β、γ 为 AC 和 AB 间的夹角。

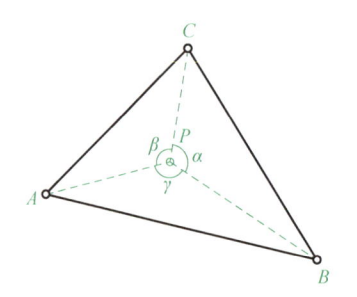

图 3-34　后方交会法原理示意图

$$\left.\begin{aligned}\beta &= T_{PB}-T_{PC}\\ \gamma &= T_{PB}-T_{PA}\end{aligned}\right\} \tag{3-15}$$

$$\left.\begin{aligned}x_1 &= \frac{1}{2}\left[x_A+x_B+(y_A-y_B)\cos\gamma\right]\\ y_1 &= \frac{1}{2}\left[y_A+y_B+(x_B-x_A)\cos\gamma\right]\\ x_2 &= \frac{1}{2}\left[x_A+x_C+(y_A-y_C)\cos\beta\right]\\ y_2 &= \frac{1}{2}\left[y_A+y_C+(x_A-x_C)\cos\beta\right]\end{aligned}\right\} \tag{3-16}$$

则令 K：

$$K=\frac{y_A(x_2-x_1)-x_A(y_2-y_1)+x_1y_2-x_2y_1}{(x_2-x_1)^2+(y_2-y_1)^2} \tag{3-17}$$

那么则可求出 P 点平面坐标：

$$\left.\begin{aligned}x_P &= x_A+K(y_2-y_1)\\ y_P &= y_A+K(x_1-x_2)\end{aligned}\right\} \tag{3-18}$$

全站仪后方交会测量用于仪器安置在未知点上时的测站点设置，包括测量测站点的坐标和设置测站后视方位角。全站仪后方交会测量需要至少观测 2 个已知点（测边模式下）或 3 个已知点（测角模式下），全站仪通过对已知点的观测，实时计算测站点的坐标，并可将其设置为测站点坐标，将某一观测方向设置为后视方位角，如图 3-25 所示，通过 P_1、P_2、P_3、P_4 四个已知点的坐标就可以交会出测站点 P_0 的坐标。观测的已知点可以多个，一般来说，观测的已知点数量越多，观测距离越长，计算所得坐标精度也越高。有多余观测时，仪器会显示观测结果的残差和标准差，以便检查观测质量。后方交会测量可观测的已知点可为 7~10 个，不同的仪器稍有差别。对于索佳全站仪来说，最多可以观测 10 个已知点。

全站仪后方交会测量是一种很实用的功能。在有足够的已知点可观测的情况下，仪器可以安置在任意未知位置进行数据采集或施工放样，这为野外测量工作带来了极大的方便。

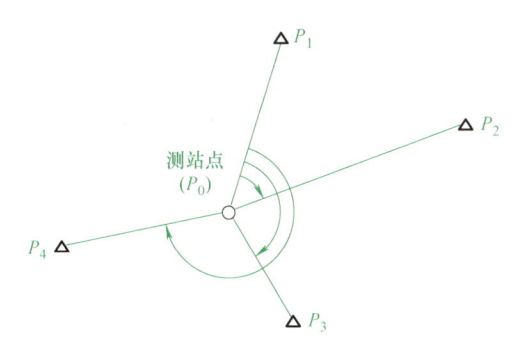

图 3-35　全站仪后方交会测量

学 习 笔 记

工作自测 3.9
自主学习任务单

3.9.1 全站仪的检校

一、学习任务

全站仪应该定期由专门的检校机构进行检校,保障全站仪正常使用。我们通过最基本的四个项目检核一下当前全站仪的状态,并熟练掌握全站仪指标差的检校方法。

任务	自测标准		学习建议
检校原理	☐	1. 完整说出全站仪主要轴线应满足的几何条件	1. 学习本教材及相关资源 2. 自我检测,熟练掌握全站仪工作的基本原理
	☐	2. 说出全站仪的基本检校项目	
检校的实施	☐	1. 照准部水准管轴垂直于竖轴的检验与校正	按照全站检校记录表的顺序依次完成检校项目
	☐	2. 十字丝竖丝垂直于横轴的检验	
	☐	3. 视准轴垂直于横轴的检验	
	☐	4. 竖盘指标差的检验与校正	

二、学习笔记

1. 简述管水准器气泡的校正原理及步骤。

2. 请写出十字丝竖丝垂直于横轴的检验的依据。

学习笔记

3.9.2 全站仪三维坐标测量

一、学习任务

全站仪三维坐标测量是进行数字测量、地籍测量等测量项目的必备技能,同学们必须通过不断的实践,熟练掌握该技能

任务	自测标准		学习建议
文件管理	☐	1. 新建指定文件名的工作文件	1. 通过老师的演示、训练指导及相关素材进行学习 2. 通过自测标准逐条检测,直至熟练操作过关
	☐	2. 设置当前工作文件	
	☐	3. 能够查阅观测数据	

项目		细则		分数
全站仪三维坐标测量	1. 对中整平 20 分	时间分	对中整平时间不超过 3 分钟,整个项目时间不超过 20 分钟	1 分钟以内 20 分,2 分钟以内 10 分 3 分钟以内 5 分,3 分钟以外 0 分 项目超时扣 5 分,项目时间到 30 分钟则停止考核
		质量分	对中整平无误不扣分	整平偏 2 格以内扣 5 分,偏 2 格以外扣 10 分;对中小圈外扣 5 分,对中大圈外扣 10 分,对中看不到标志扣 10 分
	2. 仪器操作 80 分	文件夹管理 20 分	1. 能够查看文件夹 2. 删除指定文件夹 3. 新建指定文件名的工作夹(学号+姓名首字母缩写)	任意一项未通过扣 10 分
		设站 10 分	设站坐标 A(500 + 20 × 学号,1000 + 10 × 学号,25),量取仪器高和棱镜高	无法完成该步骤分数全扣 数据填错一个扣 3 分
		后视 10 分	后视方向 B:学号°30′45″	无法完成该步骤分数全扣 数据填错一个扣 3 分
		测量 10 分	观测 B、C 点坐标	无法查阅到 B、C 点坐标,扣 5 分
		坐标的浏览 30 分	搬站到 B 点,B 点坐标进行设站,以 A 点坐标设后视,观测 C 点坐标,命名 CZ 并记录。能够进入工作文件夹,并打开刚查得到的碎部点 CZ 的坐标。考官对比两点坐标(C 点和 CZ 点为同一点)	操作步骤不正确扣 10 分 C 点和 CZ 点坐标的互差大于 2cm,X、Y、Z 中每超限一项扣 5 分 如互差大于 1m,则本项记为零分
				总计:
小组成员:				

（续）

二、学习笔记

1. 后视有两种方式，给定坐标方位角和调用已知坐标，两种方式有何联系？

2. 数据采集后的数据可供查阅的，科力达 KTS-440 如何查阅采集到的坐标数据？

3.9.3 全站仪三维坐标放样

一、学习任务

全站仪三维坐标放样是进行建筑施工测量的一项重要工作，它涉及建筑物定位、基础桩位放样、基础放线等，直接关系到工程建设的进度和质量，同学们必须通过不断的实践，熟练掌握该技能。

任务		自测标准	学习建议
文件管理	☐	1. 新建指定文件名的工作文件	1. 通过老师的演示、训练指导及相关素材进行学习
	☐	2. 设置当前工作文件	2. 通过自测标准逐条检测，直至熟练操作过关
	☐	3. 能够输入坐标数据进文件	

	项目		细则		分数
全站仪三维坐标测量	1. 对中整平 20 分	时间分	对中整平时间不超过 3 分钟，整个项目时间不超过 30 分钟	1 分钟以内 20 分，2 分钟以内 10 分 3 分钟以内 5 分，3 分钟以外 0 分 项目超时扣 5 分，项目时间到 30 分钟则停止考核	
		质量分	对中整平无误不扣分	整平偏 2 格以内扣 5 分，偏 2 格以外扣 10 分；对中小圈外扣 5 分，对中大圈外扣 10 分，对中看不到标志扣 10 分	
	2. 仪器操作 80 分	设站 20 分	新建工程文件夹，并输入指定放样的坐标点，点名见考官处量取仪器高和棱镜高	无法完成该步骤分数全扣 设站坐标不正确，扣 8 分 仪器高量取输入错，扣 2 分	
		后视 20 分	考官指定某测量标志，设定后视方位角为：学号°45′45″	无法完成该步骤分数全扣 后视方向错误扣 10 分	
		放样 40 分	放样指定文件中的指定点	按照放样的点的数量来平均分配分数，例如：放样 3 个点，一个点错扣 13 分 可通过坐标点测量来检核，也可直接量取图形边长来检核	
				总计：	

小组成员：

二、学习笔记

1. 叙述三维坐标放样的步骤？

2. 粗调和精调在操作上的步骤有什么不同？

学 习 笔 记

3.9.4 全站仪悬高测量

一、学习任务

悬高测量是全站仪程序测量中的重要组成部分,特别是在线路测量中应用广泛。同学们需要熟悉全站仪程序测量的模式,掌握悬高测量的原理及方法,注意棱镜所立位置对结果的影响。该实训 2 人一组完成

	项目		细则	分数
全站仪悬高测量	1. 对中整平 20 分	时间分	对中整平时间不超过 3 分钟,整个项目时间不超过 10 分钟	1 分钟以内 20 分,2 分钟以内 10 分 3 分钟以内 5 分,3 分钟以外 0 分 项目超时扣 5 分,项目时间到 15 分钟则停止考核
		质量分	对中整平无误不扣分	整平偏 2 格以内扣 5 分,偏 2 格以外扣 10 分;对中小圈外扣 5 分,对中大圈外扣 10 分,对中看不到标志扣 10 分
	2. 仪器操作 80 分	进入悬高测量模块 10 分	能够进入悬高测量模块	能够正确的进入悬高测量模块
		棱镜所立位置 10 分	棱镜所立位置是否正确	棱镜所立位置不正确全扣
		输入镜高 15 分	能正确输入镜高	能够正确输入镜高,否则全扣
		测量平距 15 分	正确进入测量平距这个程序,否则全扣	
		测量悬高 30 分	能够测出指定地物的悬高,数据错误扣 10 分	
			总计:	

小组成员:

二、学习笔记

1. 悬高测量过程中能否水平转动望远镜?

2. 悬高测量中为什么需要输入棱镜高和仪器高?

学习笔记

3.9.5 全站仪偏心测量

一、学习任务

全站仪偏心测量可用在于在数字测图中获取一些棱镜无法到达的点位，例如，圆柱或者大树中心点。偏心测量有三种方法，我们需要熟练掌握其中的单距偏心测量，同学们一定要通过大量实操训练，来熟练掌握该技能。该实训 2 人一组完成

任务	自测标准		学习建议
偏心点的选择	☐	1. 能够说清楚偏心点的选择要点	1. 通过老师的演示、训练指导及相关素材进行学习 2. 通过自测标准逐条检测，直至熟练操作过关
	☐	2. 明确指出当前选择的偏心点在目标点的哪一侧	
	☐	3. 能够正确量取偏距	

项目		细则		分数
全站仪偏心测量	1. 对中整平 20 分	时间分	对中整平时间不超过 3 分钟，整个项目时间不超过 20 分钟	1 分钟以内 20 分，2 分钟以内 10 分 3 分钟以内 5 分，3 分钟以外 0 分 项目超时扣 5 分，项目时间到 25 分钟则停止考核	
		质量分	对中整平无误不扣分	整平偏 2 格以内扣 5 分，偏 2 格以外扣 10 分；对中小圈外扣 5 分，对中大圈外扣 10 分，对中看不到标志扣 10 分	
	2. 仪器操作 80 分	设站 20 分	新建工程文件夹，并输入指定测站点坐标和后视点坐标，点名见考官处（也可给定后视定位点和定位方向值）量取仪器高和棱镜高并完成设站定向工作	无法完成该步骤分数全扣 设站坐标不正确，扣 5 分 后视坐标不正确，扣 5 分 后视方向设置错误，扣 5 分 仪器高量取输入错，扣 2 分	
		设置偏心数据 40 分	观测偏心相关数据，测定偏心距，并能正确输入偏心距和偏心方向	无法完成该步骤分数全扣 一个步骤漏掉扣 5 分 数据设错扣 5 分	
		测定偏心点坐标 20 分	能够记录该偏心点坐标并能在文件中查询到该点 点名命名：px-姓名首字母	不能正确记录坐标扣 10 分 该偏心点坐标无法查询到扣 10 分	
		检核数据	去掉偏心点遮挡物，棱镜立与偏心点，测定该点坐标作为参考值	偏心测量所测坐标与参考值对比，如坐标差超过 5cm，则每超限一项数据扣 5 分	
				总计：	

小组成员：

二、学习笔记

1. 偏心测量为什么要进行设站定向的操作？

2. 偏心测量中哪些数据是必须要测得的，哪些数据是计算出来的？

学习笔记

3.9.6 全站仪对边测量

一、学习任务

全站仪对边测量可广泛应用于工程测量领域中，特别是线路测量、施工测量中的横断面测量、基平测量、中平测量，桩位放样等工作中有广泛应用。该实训 2 人一组完成

项目		细则		分数
1. 对中整平 20 分	时间分	对中整平时间不超过 3 分钟，整个项目时间不超过 10 分钟	1 分钟以内 20 分，2 分钟以内 10 分 3 分钟以内 5 分，3 分钟以外 0 分 项目超时扣 5 分，项目时间到 15 分钟则停止考核	
	质量分	对中整平无误不扣分	整平偏 2 格以内扣 5 分，偏 2 格以外扣 10 分；对中小圈外扣 5 分，对中大圈外扣 10 分，对中看不到标志扣 10 分	
全站仪三维坐标测量 2. 仪器操作 80 分	观测起始点 20 分	量取 AB 点距离数据，填表（在计时开始前完成） 观测 A 点斜距	无法完成该步骤分数全扣 AB 点间距离量取错误扣 5 分	
	对边测量 40 分	能够正确完成 AB 间的对边测量，且能解释测量结果界面各项数据的意义	无法完成该步骤分数全扣 数据说明不正确每项扣 2 分	
	切换坡度显示 20 分	能够完成坡度和斜距之间的切换	斜距切换坡度步骤无法完成扣 10 分 坡度切换斜距步骤无法完成扣 10 分	
	检核数据	观测数据与参考数据对比	所测斜距与参考值对比，如数值差超过 2cm，超限扣 20 分	
			总计：	
小组成员：				

二、学习笔记

1. 对边测量为什么不需要设站定向的步骤？

2. 连续对边测量操作中，棱镜高有变化，对哪些数据结果有影响，为什么？

学 习 笔 记

3.9.7 全站仪后方交会测量

一、学习任务

后方交会测量是全站仪程序测量中的重要组成部分，特别是在数字测图、施工测量中用于自由设站。同学们需要熟练掌握后方交会测量的原理及步骤。该实训 2 人一组完成。

项目			细则		分数
全站仪悬高测量	1. 对中整平 20 分	时间分	对中整平时间不超过 3 分钟，整个项目时间不超过 15 分钟	1 分钟以内 20 分，2 分钟以内 10 分 3 分钟以内 5 分，3 分钟以外 0 分 项目超时扣 5 分，项目时间到 20 分钟则停止考核	
		质量分	对中整平无误不扣分	整平偏 2 格以内扣 5 分，偏 2 格以外扣 10 分；对中小圈外扣 5 分，对中大圈外扣 10 分，对中看不到标志扣 10 分	
	2. 仪器操作 80 分	进入后方交会测量模块 10 分	能够进入后方交会测量模块	能够正确的进入后方交会测量模块	
		已知点坐标输入 20 分	1. 提前输入已知点坐标 10 分 2. 在后方交会测量模块调用该坐标 10 分	无法提前输入已知坐标，扣 10 分 无法调用文件中的坐标，扣 10 分	
		后方交会测量 50 分	观测已知点棱镜，并计算当前测站点坐标	观测步骤不正确，扣 5 分 观测结果不正确，扣 20 分	
				总计：	

小组成员：

二、学习笔记

使用后方交会测量计算测站点坐标，如果能测距，则最少需要几个已知控制点？

学 习 笔 记

学习笔记

学习笔记

学 习 笔 记

学习笔记

学习笔记

学 习 笔 记

附　　录

附表 1　全站仪检校记录表

仪器编号＿＿＿＿＿＿　　　组号＿＿＿＿＿＿　　　检验者＿＿＿＿＿＿				
检验日期＿＿＿＿＿＿　　　　　　　　　　　　　　　记录者＿＿＿＿＿＿				
检验项目	检验和校正过程			
照准部水准管轴垂直于竖轴	气泡位置图			
	仪器整平后	旋转180°后	用脚螺旋调整后	用校正针校正后
十字丝竖丝垂直于横轴	检验初始位置望远镜视场图		（用×标示目标在视场中的位置）	
视准轴垂直于横轴	盘左读数 $L'=$ 盘右读数 $R'=$ 视准轴误差 $c=\dfrac{1}{2}(L'-R'\pm180°)=$ 盘右目标点正确读数： $R=R'+c=\dfrac{1}{2}(L'+R'\pm180°)=$			
竖盘指标差	盘左读数 $L=$ 盘右读数 $R=$ 竖盘指标差：$x=\dfrac{1}{2}[(L+R)-360°]=$			

学习笔记

附表2 全站仪放样观测手簿及数据

___年___月___日   仪器：_____   观测员：_____   记录员：_____

姓　名	时　间	选用数据组	各边距离（s_1、s_2、s_3）

放样数据

两组坐标，可选择使用其中一组。A组和B组图形如附图1所示，各边距离见图。

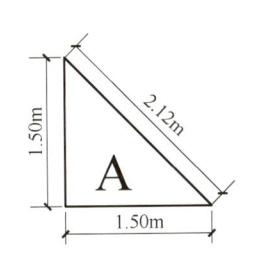

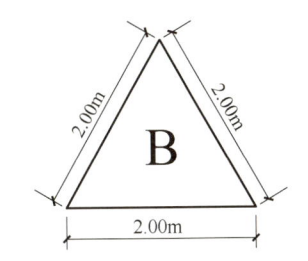

附图1

数据 A		数据 B	
测站 cc：	(500, 1000, 20)	测站 dd：	(700, 300, 30)
放样点 cj_1：	(519.762, 1011.962, 20)	放样点 db_1：	(719.762, 310.462, 30)
放样点 cj_2：	(519.762, 1010.462, 20)	放样点 db_2：	(721.494, 311.462, 30)
放样点 cj_3：	(521.262, 1010.462, 20)	放样点 db_3：	(721.494, 309.462, 30)

学习笔记

附表 3　悬高测量观测手簿

___年___月___日　　仪器：_____　　观测员：_____　　记录员：_____

目标	观测员	棱镜高/m	平距/m	悬高/m

学 习 笔 记

附表4　全站仪偏心观测手簿

___年___月___日　　仪器：_____　　观测员：_____　　记录员：_____

姓名	时间	观测坐标	参考坐标

学 习 笔 记

附表 5　全站仪对边观测手簿

___年___月___日　　仪器：_____　　观测员：_____　　记录员：_____

姓名	时间	AB 参考斜距/m	观测数据/m
			S: H: V:
			S: H: V:
			S: H: V:
			S: H: V:
			S: H: V:
			S: H: V:
			S: H: V:
			S: H: V:
			S: H: V:

学 习 笔 记

附表6　距离观测手簿

___年___月___日　　仪器：_____　　观测员：_____　　记录员：_____

测站	镜站	测回	类型	距离读数/m	各测回平均值	备注
			斜距			
			平距			
			高差			
			斜距			
			平距			
			高差			
			斜距			
			平距			
			高差			
			斜距			
			平距			
			高差			
			斜距			
			平距			
			高差			
			斜距			
			平距			
			高差			
			斜距			
			平距			
			高差			
			斜距			
			平距			
			高差			

学 习 笔 记

附表7　水平角观测手簿

___年___月___日　　仪器：_____　　观测员：_____　　记录员：_____

测站	测回	盘位	测点	水平角读数 ° ′ ″	半测回角值 ° ′ ″	一测回平均值 ° ′ ″	各测回平均值 ° ′ ″

学习笔记

附表 8　竖直角观测手簿

____年____月____日　　仪器：_____　　观测员：_____　　记录员：_____

测站	目标	测回	竖盘位置	竖盘读数 ° ′ ″	竖直角 ° ′ ″	指标差 ″	一测回竖直角 ° ′ ″	平均竖直角 ° ′ ″	备注

学习笔记

学 习 笔 记

学习笔记